该给孩子的

逻辑思维

刘炯朗 著

朝華出版社
BLOSSOM PRESS

著作权合同登记号　图字：01-2020-3540 号

图书在版编目（CIP）数据

逻辑思维 / 刘炯朗著 . -- 北京：朝华出版社，
2021.1（2021.10 重印）
ISBN 978-7-5054-4690-8

Ⅰ. ①逻… Ⅱ. ①刘… Ⅲ. ①逻辑思维 – 青少年读物
Ⅳ. ① B804.1-49

中国版本图书馆 CIP 数据核字（2020）第 194872 号

逻辑思维

作　　者　刘炯朗
选题策划　袁　侠
责任编辑　王　丹
责任印制　陆竞赢　崔　航
装帧设计　璞茜设计

出版发行　朝华出版社
社　　址　北京市西城区百万庄大街 24 号　　　邮政编码　100037
订购电话　（010）68996050　68996522
传　　真　（010）88415258（发行部）
网　　址　http://zhcb.cipg.org.cn
印　　刷　阳谷毕升印务有限公司
经　　销　全国新华书店
开　　本　710mm×1000mm　1/16　　　　　　字　　数　130 千字
印　　张　13.5
版　　次　2021 年 1 月第 1 版　　2021 年 10 月第 2 次印刷
装　　别　平
书　　号　ISBN 978-7-5054-4690-8
定　　价　49.80 元

中国有句成语叫"以子之矛，攻子之盾"，若用"什么都刺得穿的矛"来刺"什么都挡得住的盾"，矛跟盾哪一个会胜出呢？庄子与惠子在池塘旁观鱼，庄子说鱼悠游水中很快乐，惠子质疑庄子："你不是鱼，怎么知道鱼的快乐？"庄子回答："你不是我，怎么知道我不知道鱼的快乐？"我们都听过这些典故，但大概很少人知道它们跟逻辑大有关系。

我们常会听到有人这么说："你说的话一点也不合逻辑！"或是在看电视剧的时候，忍不住抱怨道："这出戏的剧情一点也不合逻辑！"这里的"不合逻辑"指的多半是"不合常理"，是生活中的逻辑，而本书中所要讲的是更进一步的"学术逻辑"。学术上的逻辑是一种保证思考过程有效的推论方式，能让你在读书、做学问时不用走太多冤枉路，也不会走上了岔路，以致浪费了光阴，还得不到宝贵的知识。所以，对所有思想家、科学家而言，逻辑是他们从事研究最基本的工具。此外，对于业务员华而不实的推销术、政客乱开空头支票的演说技巧，若用逻辑来一一检视，便能发现其中充满了许多似是而非的语言陷阱；至于那些一则比一则还夸张的广告文案，若交给受过严格逻辑训练的人来写，肯定会变得一点也不吸引人。

除了逻辑，我还想介绍更多我们经常在生活中应用到却没察觉到的数学原理，比方"八卦定理"说的是朋友之间传递八卦最少需要讲几通电话；"配对理论"讲的是如何做最有效的分配，把 n 对男女配成 n 对美满的婚姻，或是学生参加升学考试后的志愿分配，都跟这个理论有关。不光如此，2012 年埃文·罗斯（Alvin Roth）及洛伊·夏普利（Lloyd Shapley）就是因为在配对理论领域里的杰出成就而获得诺贝尔经济学奖，他们的贡献能让许多等待器官移植的患者受惠，且对世界经济有着重大影响。

在日常生活中，有许多现象是我们司空见惯、进而习以为常的，但哲学家跟数学家却能从事物的表象发现其背后的规律。认识并了解这些规律，除了有助于智识的发展（可能是在考卷上加点分数），更重要的是让我们懂得欣赏万事万物自有其美好之处，换句话说，就是"有趣"！不要小看了趣味这件事，它可是催生许多重大发明及理论的幕后功臣。我衷心希望看完这本书的读者，不只考试成绩更加进步，更因此对学问产生了莫大的兴趣，说不定还能在学术领域为人类做出贡献！

Part 1

语言的逻辑 / 001

Part 2

人际的逻辑 / 033

PART I

语言的逻辑

诡辩也能帮助思考

　　"逻辑"这个词指的是合理、正确的意思，特别是经过缜密的思考和严谨的推理而得到合理、正确的结论。"让我告诉你，我选择这个方案的逻辑。"这句话就是说："让我告诉你，我选择这个方案的立论、考虑和推断的过程。"而若说："这个决定不合逻辑。"就是说："这个决定不合理，没有经过一个缜密的考虑过程。"

　　逻辑学，就是讨论一个观念或一个叙述是否正确，以及如何从正确的观念和叙述导引出其他正确的观念和叙述的学问。讨论语言、文字及其背后思想理念的正确性，属于"非形式逻辑（Informal Logic）"的范畴。而语言、文字的表达可能不够精准，语言、文字中的推理过程可能不够严谨，所以数学家便用数学方程式来取代语言、文字的描述，用公理（axiom）来规范推理的过程，属于"形式逻辑（Formal Logic）"的范畴。

在日常的生活里，我们用语言、文字来表达思想和理念，也用语言、文字里的规则和习惯来解释和推理，是属于非形式逻辑的范畴，而因为有了模糊的空间，有了曲解的可能，有了对同一句话不同解释的自由，语言、文字里头虽充满了趣味，却也充满了陷阱。或有意，或无心，我们往往会做出不正确的叙述、下不正确的结论，这些都可以被统称为"谬论"（fallacy）。谬论可以说是强词夺理，也可以说是花言巧语；可以说是文字游戏，也可以说是吹毛求疵。不过，谬论也是一种训练思考的方式和使用文字语言的技巧，为了培养独立、清晰的思考能力，为了能够看透别人的谬论，对谬论技巧的了解是很重要的。有许多人对此做了许多的综合和归类，以下我便列举一些生活中常见的谬论和诡辩，分析其逻辑关系。

■ 用人身攻击扭曲结论

某甲说："夜市卖的大饼包小饼很好吃。"某乙说："你这个大老板穿的是名牌西装，吃的是鱼翅、燕窝，坐的是黑头大车，我才不相信你真的认为大饼包小饼很好吃呢！"

某甲说："周杰伦最近的一首新歌是他出道以来最好听的一首歌。"某乙说："你这个满头白发的老头子的意见，不可取信。"

这都是用人身攻击导引到不正确的结论的例子。"士林夜市卖的大饼包小饼很好吃"和"周杰伦最近的一首新歌是他出道以来最好听的一首歌"，这些结论跟提出这个结论的人的身份是没有关系的，但是，当我们硬把这个关系拉进来，往往就把结论改变了。这正是孔子在《论语·卫灵公》里说"不以人废言"这句话的原因。

在古代的西方，人身攻击的拉丁文是"Ad Hominem"，无数的哲学家、思想家，包括亚里士多德，他们对语言文字、思想理念的精准性和正确性，都做了许多深入的讨论和观察。

■ 彼此彼此，五十步何必笑百步

某甲说："你说我胖，你自己体重超过 100 公斤，我才不算胖呢！"用英文来说，这算是人身攻击的"彼此彼此"（you too）版本。从理性的观点来看，某甲是不是胖，跟说他胖的人的体重是没有关系的。"你说我贪污，你也贪污。"这也是把两件不相关的事连起来。某甲说："你告诉我吃素对身体健康很有帮助，可是，我记得去年吃尾牙^①时，你还吃了两大块牛排呢！"把他去年的行为和他今天的看法联结在一起，这也不是严谨的推理。

《孟子·梁惠王》里记载了孟子跟梁惠王讲的一个寓言：在战场上被打败了的士兵，有的向后退，跑了五十步，有的向后退，跑了一百步，向后退跑了五十步的士兵可以耻笑向后退跑了一百步的士兵怕死吗？这就是"五十步笑百步"这句成语的出处。英文里也有"茶壶嫌锅黑（The pot calls the kettle black）"这句谚语，也是跟"彼此彼此"有关的例子。

■ 冒牌专家不具有说服力

"某某知名小说家说，这家餐厅的日本料理很地道。"以一位知名小说家的身份来为一家日本餐厅代言是不足以采信的，除非你说："某位在日本住了很多年的知名小说家，他说这家餐厅的日本料理很地道。"但是，如果他在日本住了很多年，那么他是不是一位知名的小说家也许就没有什么关系了。我们在电视广告里看到足球明星担任洗衣机的代言人、名模为手机代言，都是

---

① 尾牙，流行于东南沿海，尤其是闽台地区的活动。每月初一、十五或初二、十六祭拜土地公，称为"做牙"，二月初二为"头牙"，腊月十六为"尾牙"，按传统习俗，举行"尾牙宴"。——编者注

相同的例子。足球明星和名模可以吸引观众的注意力，可是他们对洗衣机、手机的性能和价格真的懂得很多吗？还有，让诺贝尔奖得主来当选美比赛的评委，都呈现了逻辑上的谬误。

■ 人多势众容易造成偏见

"大卖场里人潮汹涌，里面卖的水果一定很便宜。"这句话忽略了许多可能：是不是因为台风要来，所以大家都赶着去大卖场买食物？是不是因为毒奶粉风波，所以大家抢着去退货？是不是大卖场的水果虽然很新鲜却并不便宜？是不是大卖场根本就是在倾销牛肉而不是卖水果？"那么多同学逃课，可是他们都通过考试毕业了，可见上课对学习是没有帮助的。"这些都是利用人多势众的表面现象引出并不一定正确的结论的例子。

■ 谄媚奉承肯定不合逻辑

工程师说："像老板这么聪明的人，一定看得出我这个计划多有创意！"老板聪明或不聪明，跟这个计划是不是有创意，本是两件不相干的事，却以老板的聪明程度足以对一个计划做出清楚的判断为论点，偷偷地夹带了这个计划很有创意的结论。"这个新产品需要一位美丽的代言人，所以我就想到邀请您了。"是以"美丽"为原因，以"邀请"为目的。

有个民间故事是这样的：有个人死了，到了天上，在南天门外徘徊，关公拿着大刀巡逻，看见他便大喝一声："闲杂人等不许入内！"这个人跑到关公面前，毕恭毕敬地说："您是一位有忠有义、最受凡人尊敬的勇将，请您允许我进来定居。"关公说："你少来了，你在凡间是个有名的马屁精，最会靠谄媚奉承别人得到好处，我可不会被你蒙混过去。"这个人说："凡间的人都是笨蛋，几句好听的话就可以逗他们开心，所以我才敢在他们面前讲奉承好听的话，您老人家这么精明，我岂敢在您面前乱讲假话来博取您的欢心呢？"关公说："好吧！好吧！进去！"

用谄媚奉承的话来引出结论的技巧，可以推广为利用心理上的同情或恐惧及其他情绪反应来引出结论。例如："法官，我太太生病了，家里还有三个小孩，我的确是无辜的。"嫌犯是不是无辜，跟他太太生病和家里有几个小孩是没有关联的。"老师，我这门课拿不到90分，我的总平均分就不能够达到领奖学金的标准，那我就要挨饿了，还是请您给我加几分吧！"这是以博取同情来达到自己想要达到的目的。另外，死党说："你再不好好吃饭，就会瘦得打不过隔壁的小明了。"部门主管说："假如您把我们这几个人裁掉，大老板一定会觉得，这些年来我们这个小组只不过是一群乌合之众而已。"则是利用恐惧的心理来进行说服以达到目的。

■ 倒果为因就是一厢情愿

"倒果为因"，是指用结果来决定诱因。"明天股票一定会大涨，因为如果股票大涨，餐饮业、旅游业、娱乐业都会跟着蓬勃起来。"就是用一件事情能够带来的好结果，引出事情肯定会发生的结论；或者是"股票市场明天一定不会再跌，否则许多人就会跳楼了。"就是用一件事情会引起的坏结果，引出事情肯定不会发生的结论。这种"不合逻辑"的延伸，就是"一厢情愿"的诡辩，英文叫作"wishful thinking"。大楼的守门员说："天气这么冷，小偷一定不会来的，我可以打个瞌睡了。"打瞌睡是他想要的目的，从这个目的引出小偷肯定不会来的结论。

■ 用胡言乱语转移焦点

"胡言乱语"，就是让听的人根本不知道你在讲什么，糊里糊涂便接受你的结论。让我举个故事来说明：有一天，三个人到一间旅馆投宿，管理员说："三个人共住一间房间，一个晚上30元。"他们每人付了10元就到房间去了。老板后来跟柜台人员说："收他们25元就好了，你拿5元去退给他们。"柜台人员想："5

元还给他们，三个人没办法平分，不如我吞下 2 元，只拿 3 元到他们房间，让他们每人退回 1 元。"让我们做个总结：有三个人，每个人付了 10 元，拿回 1 元，每人实际付出 9 元，3×9=27，柜台人员拿了 2 元，27+2=29，但原来共是 30 元，那不就是有 1 元不知道到哪里去了吗？这是怎么回事呢？如果你把这个故事重新看一遍，你就会发现这根本就是胡扯，这些加减乘除简直是乱搅一通。为什么三个人一共付出的 27 元要和柜台人员吞下的 2 元加起来呢？完全没有道理。

有一个人到餐厅里吃饭，点了一碗牛肉面，服务员下单后，他跟服务员说："我不要吃牛肉面，换成蛋炒饭吧！"服务员说："没问题！"蛋炒饭送来，他吃完蛋炒饭站起来就直接往店外走，服务员说："先生，您吃的蛋炒饭还没付钱呢。"他说："我为什么要付钱？我吃的蛋炒饭是用牛肉面换来的。"服务员说："那您还没付牛肉面的钱呢！"他说："我没有吃牛肉面，为什么要付钱？"这要如何说清楚呢？我们可以说，他必须为拥有牛肉面的权利付钱，有了拥有牛肉面的权利后，是他自己吃下去呢，还是用来换一盘蛋炒饭呢？那就无所谓了。

"胡言乱语"的诡辩可以延伸到"转移目标"的诡辩。例如：工程师想向公司申请买一台新计算机，在会上，老板从信息教育的重要性讲起，讲了一个小时，于是买新计算机的事就没有下文了。这就是"顾左右而言他"。孟子去面见齐宣王，孟子问齐宣王："大王，有位臣子把他的妻子儿女托付给一位朋友照顾，自己到楚国去游历，等到他回来时，却发现妻子儿女在挨饿受冻，对这样的朋友，他该怎么办呢？"齐宣王回答说："和他绝交。"孟子又说："有位执法官员不能管理好他的下属，那该怎么办呢？"齐宣王说："撤掉他。"孟子又说："假如国君把国家治理得不好，那该怎么办呢？"齐宣王左右看看，把话题扯到别处去了。此时齐宣王就采用了"顾左右而言他"的技巧来应付。

"胡言乱语"的诡辩也可以延伸到"小题大做"的诡辩。例如：工程师要买一个新的鼠标，他在送给老板的申请书上先大谈计算机对他的工作是多么重要的一个工具，最后一句话是："请批准购买一个新的鼠标。"

■ 鱼与熊掌之外还有其他可能

"鱼与熊掌"就是指提出两种可能，引导到在这两者之间选择一个明显比较好的可能，故意忽略了其实还有其他的可能。在政治辩论中，有几句常说的话是："你不是我的朋友就是我的敌人。""你不投赞成票就是要投反对票。"但是，朋友和敌人之间还有中立者的可能，赞成票和反对票之间还有废票的可能。还有一句口号："这是我们的国家，不爱它就离开它。"但不爱自己国家的人也不一定要离开它，也有离开了自己国家的人却依然爱国的。

■ 不值一哂就是故意忽视

哂是"微笑"的意思，不值一哂就是把对方的立论轻蔑地带过，不予反驳、讨论就断言为错误。例如："这种不成熟、半吊子的想法，肯定是错误的。""把 18 世纪的思维应用到 21 世纪的今天，毫无新意，不要浪费时间讨论了。""算了吧！这种幼稚的论调还拿来骗人。"

■ 化强为弱是缩小优点，放大缺点

"化强为弱"就是先把对方的论点扭曲成一个充满缺点、瑕疵的版本，然后再去攻击这个脆弱的版本。在英文里，这个技巧叫作"straw man（稻草人）"，因为稻草人是放在田里吓唬小鸟的假人。另外，在军队里新兵会拿着刺刀去猛刺一个稻草人做肉搏战的训练，也是相同的道理。

在中国台湾地区，大学生在大一要修国文课。曾有人提出，大二学生也要修国文课。反对者便说：这个方案剥夺了课程里专业训练的时间，会降低学生在工作上的竞争力，影响学校在业界的声誉，降低业界捐献的可能。集中火力攻击脆弱的地方，这个"稻草人"就被狠狠地刺了好几刀。

不过，在工程系统的设计里，"稻草人"这个名词还有另一个意义。当一部机器、一套计算机软件或作业流程的设计还没有全部完成时，会拿不完整的设计让别人试用，希望通过试用者找出设计的缺点和弱点，这个不完整的设计也叫作"稻草人"。

■ 渐入迷途，引人一步步走进陷阱

"渐入迷途"就是经由一连串不正确的微小推论，引导到一个完全错误的结论。在英文里，这叫作"slippery rope（滑溜溜的绳子）"，如果你被吊在半空中，却只抓住了一条滑溜溜的绳子，肯定只会一直往下掉，最后粉身碎骨。什么是"渐入迷途"的诡辩呢？例如："假如我们随便扑杀流浪狗，那是残酷不人道的行为，社会会因此充满了暴力，战争将无可避免，进而带来全人类的毁灭。"当然，我们都反对随便扑杀流浪狗，但是这个"渐入迷途"的诡辩，从扑杀流浪狗带到不人道的行为，再带到社会的暴力，甚至带到战争、带到全人类的毁灭，也未免是一条太滑溜溜的绳子了吧！

有一则阿拉伯的寓言叫"骆驼的鼻子"，很适合用来诠释"渐入迷途"。故事是说在一个寒冷的晚上，骆驼把鼻子伸进帐篷，问主人："外面很冷，我可以把鼻子伸进来暖和一下吗？"主人说："可以。"接着，骆驼得寸进尺，一次次请主人准许它把头、脖子、前脚、后脚陆续伸进帐篷里，最后，骆驼进了帐篷，却把主人推到外面去了。

■ 前因后果可能是一种迷信

引用正确的因果关系可以导引到正确的结论，引用错误的因果关系就会导引到错误的结论。例如：因为二手烟对健康有害，所以公共场所应该禁烟；二手烟对健康有害是正确的因果关系，所以公共场所应该禁烟是正确的结论。若换成说吸烟会让皮肤变白，所以爱美的女人们都应该吸烟；"吸烟会变白"是错误的因果关系，所以，"爱美的女人们都应该吸烟"也是错误的结论。建立正确的因果关系，要凭借知识和经验的累积，因此知识和经验不足会带来错误的因果关系，但这是知识和经验的问题，而不是逻辑上的问题。（讲到导引阶段就是逻辑了。）

有个很有趣的例子是这样的：按照统计的结果，晚上打开床头灯睡觉的小孩子，近视的比例较高。假如我们把这个统计数字认定为一个正确的因果关系的话，那么我们的结论是：小孩晚上睡觉时，不要打开床头灯。事实上，遗传学发现有一组基因容易导致近视，同时，视力不好的父母倾向在陪小朋友上床睡觉时，把床头灯亮着不关，这才把近视眼和床头灯扯上关系了。对影响统计结果的因素不了解，会导致做出不正确的解释，进而建立错误的因果关系。

"前因后果"就是把先发生的当作因，后发生的当作果，硬将两件不相关的事联结起来。例如："自从降低遗产税的法令公布之后，交通意外死亡人数增加了，所以，我们必须取消这个法令。"因为"法令公布"发生在先，"意外死亡人数增加"发生在后，硬把这两件事联结为因果关系，就推导出"取消这个法令"的结论了。所以，两件先后发生的事，在没有充分的验证以前便联结为因果关系，是一个很危险的陷阱。

"前因后果"这种诡辩也是许多"迷信"的来源。在美国，人们认为看见一只黑猫在你面前走过会带来霉运，但是，在英国和日本，一只黑猫在你面前走过却被看成是好运的预兆，这都是不当的前因后果所形成的迷信观念。

■ 新的不见得好

"新的好"就是以"新"为立论，以"好"为结论。"这是我对这个计划最新的评估，我相信这是非常精准和可靠的一个评估。"用最新来判定精准和可靠："这是我们最近引进的减肥新药，毫无疑问它是非常有效的。""你有见过比这个更先进的想法和做法吗？这是我们最佳的选择了。"则用"新""先进"来评定最佳。这都是属于"新的好"的谬论。

■ 老的不一定是宝

和"新的好"相似的一个谬论是"老是宝"，就是指已经存在很久的东西，一定是好东西。"君主制度已经存在好几千年，实在没有更改的必要。"君主制度要不要更改，不能够用"已经存在了好几千年"作为不更改的理由；"这是我们公司实行很多年的人事制度，对所有上市公司来说，也一定是非常适当的。"在一个公司实行很多年，不能当成充分的理由去证明对所有上市公司都非常适当。

有一个故事是这样的：有位妈妈炖蹄髈时，总是先把蹄髈切成两半，把一半丢掉，只留下一半，大家都觉得很奇怪，问她为什么要这样做。她说："这是跟我妈妈学的。"去问她的妈妈，她也说："这是跟我妈妈学的。"问到外婆，外婆便说："那时候家里的锅子太小，只能放得下半个蹄髈。"虽说能经过时间考验的东西，往往是一个好东西，但不能以时间为唯一理由去证明一个结论的正确性。

■ 断章取义，只选自己想要的

"断章取义"这个词出自《左传》，意思是只截取音乐、诗歌里的一章一节，因而失去了全貌和整体的精神，甚至扭曲了全貌，违背了原来的精神。尤其是在政治或广告的语言里，或者报纸的标题，更是常见以简短为借口，扭曲真相。"断章取义"用英文来说就是"quotation out of context"。例如："某某人非常聪明，他手底下的人都难以和他相比。"可以被断章取义地说成某某人手底下的人都是笨蛋；杂志评论写着："以性能和价格而言，这个产品是不是价廉物美，倒还是见仁见智了。"但出品这个产品的公司在登广告时，大标题却是"被某专业杂志评为价廉物美"；政治人物说："假如我有贪污的罪行，我愿意剖腹自杀。"某晚报的头条标题便成了"某某人愿意剖腹自杀"。

■ 以偏概全，在逻辑上肯定说不通

"以偏概全"用比较通俗的话来说，就是"一竿子打翻一船人"；用古文来说，就是"以管窥豹，只见一斑"，即通过一根竹管来看一只豹，只看到它身上的一个斑点；用印度的寓言来说，那就是"盲人摸象"得出来的结论；用统计学的语言来说，"以偏概全"就是局部、不完整的抽样。

春秋时代齐国的晏子是一位机智的外交家，他的身材矮小；法国历史上的拿破仑，传说中也是一个矮子（其实，他身高 173 厘米并不算矮）；曾任俄罗斯总统的梅德韦杰夫身高只有 160 厘米左右。若因此下了这样一个结论：矮小的人都很机智，那就是"以偏概全"。到一个地方去旅行，若遇到一个口出恶言的警察，你回来后逢人便愤怒地说："那个地方的警察粗鲁无礼。"就是"以偏概全"做出的结论。

■ 精巧的诡辩：未打先胜

"未打先胜"就是把结论包括或者隐藏在预设的前提里，英文叫作"begging the question"。"这样做是绝对合法的，否则法院早就立法禁止了。"结论是"这样做是合法的"，前提是"法院没有立法禁止"，其实前提就是结论，结论就是前提。某甲说："我真的是个诚实的人。"某乙说："我要找一个人证。"某甲说："你可以去找我的好朋友某丙。"某乙说："但是，我怎样知道某丙是个诚实的人呢？"某甲说："我可以替他保证。"某甲要得到的结论是："自己是个诚实的人。"但是，他的前提是他可以保证他的证人某丙是个诚实的人，你觉得这样的逻辑合理吗？

▇ 玩文字游戏

"玩文字游戏"是一个字或者词有两个不同的语意或解释，混合使用时会带来有趣、混乱、荒谬的结论。有一句话叫"健康就是财富"，另一句话叫"财富不过是粪土而已"，所以，结论是"健康是粪土"。在这两个句子里，"就是"和"不过是"的语意其实是不同的，但若只注意到其中的"是"字就是诡辩了。

再看英文的例子，"A ham sandwich is better than nothing.（一个火腿三明治比什么都没有要好。）""Nothing is better than eternal happiness.（没有任何东西胜于永恒的快乐。）"把这两个句子合起来，便得到了"A ham sandwich is better than eternal happiness.（一个火腿三明治胜于永恒的快乐。）"但在这两个句子里，"nothing" 这个词的语意是一样的吗？答案肯定不是，这就是典型玩文字游戏式的诡辩。

白马不是马

　　在辩论和推理时，文字和语言的表达是重要的一环，字和词的语意可能被误解、被曲解，句子连贯起来，可能是顺理成章，也可能会变得相互矛盾，都可能引导出错误、荒谬的结论。

　　战国时代知名的哲学家、逻辑学家公孙龙，在他的著作《白马论》和《坚白论》里讨论了"实体（substance）"和实体的"特征（attribute）"这两个概念。对一般人而言，这似乎是很合乎直觉的概念，例如：苹果是一个实体，它的特征包括红色的表皮，形状是圆的，直径大约是 10 厘米等。比公孙龙差不多早了 100 年的古希腊哲学家亚里士多德提出"实体论（Substance Theory）"，探讨的也正是实体的存在和实体具有的特征。前面讲到的苹果是一个例子，另外一个例子则是：水和冰是同一实体，但是水有流动的特征，冰则有凝固的特征。

也许在科学和工程的层面，这些都是容易了解的概念，但对哲学家来说，这个理论有许多深奥微妙的地方。譬如：在"实体论"里，特征是属物体的，但是没有特征的物体的存在却是可能的。哲学家讨论存在、实体、特征这些概念时，实体论并不是唯一的理论。另一个不同的观点是，实体不过是特征的结合而已，没有特征就没有实体。

另外一个颇有深意、也有讨论空间的例子，就是公孙龙的《坚白论》，"坚"就是坚硬，"白"就是白色，坚硬和白色都是石头的特征，公孙龙认为石头可以有坚硬的特征，也可以有白色的特征，但这两个特征是独立的、分离的。在这里，他展现了他锐利的思路和辩论的功力：用眼睛去看只看得到白色，看不到坚硬，而用手去摸只摸得到坚硬，摸不到白色。有人会反问，石头不是兼具白色和坚硬两个特征吗？公孙龙说，这只是石头内在的联系，对外在的感官功能来说，白色和坚硬是两个独立、分离的特征。换句话说，当我们在实体论里谈到实体具有的特征时，这些特征之间的关系是并存、独立、分离甚至相互抵触的，都有可以讨论、可能引起争议之处。

■ 白马、黄马、黑马

另外，公孙龙说："白马非马。"也就是说，白马不是马。这源自一个故事：公孙龙骑着一匹白马出城，守城门的士兵跟他说："上头命令了，马不可以出城。"但是公孙龙提出"白马不是马"的论点，说服了士兵，让他骑马出城了。公孙龙立论的依据是白马不"等于"马，而在文字上，他则说"白马非马"，白马不是马；其实守城门的士兵可以告诉他，白马"属于"马，所以，在文字上可以说成白马也是马。"等于"和"属于"是两个不同的概念，公孙龙用种种理由证明白马不等于马后，却下了一个结论：白马不是马。他用一个"非"字，把"不等于"和"不是"蒙混过去了。

公孙龙是怎样提出他的诡辩"白马不等于马"的呢？公孙龙说："马是一种动物，它有动物形状的特征，白马则是一种动物加上一种颜色，有动物形状的特征也有颜色的特征，因此描述马和描述白马，需要描述的特征不同。"他又说："假如我要一匹马，那么一匹黄马、一匹黑马都可以，但是，假如我要一匹白马，黄马、黑马就不可以了，所以，如果白马是马，为什么同一个要求，却又得到两个不同的答案呢？"他又说："马是有颜色的，马加上白色才是白马，马加上白色就不是马，所以，白马非马。"他接着提出："假如白马是马，有一匹白马就等于有一匹马，而有一匹马也等于有一匹黄马，那么，有一匹白马就等于有一匹黄马吗？"

其实，公孙龙没有把"等于"这个概念定义清楚，只是说 a=b，b=c，所以 a=c 而已。

他反问："假如你同意有一匹黄马并不等于有一匹马，你就是说黄马非马，那么你怎能不认同白马非马呢？"最后他说："当你要选择一匹马时，颜色不是你的考虑，所以，黄马、黑马都可以接受；当你要选择一匹白马时，颜色是你的考虑，所以，只有白马才可以接受。既然选择的标准不同，所以白马不是马。"

说了半天，各位也被公孙龙弄得糊涂了吧？怪不得守城门的士兵让他骑着马出城了。其实，公孙龙是在实体论的框架下把几个概念混淆了，再加上玩文字游戏，就得到了"白马不是马"的结论。

■ 不见了……找到了！

公孙龙"白马非马"的辩证还有下一段故事。孔子的后人孔穿跑去拜访公孙龙，并说："听说您道德高尚，我很想做您的弟子，不过我不认同您的白马非马理论，如果您愿意放弃这个理论，我就愿意做您的弟子。"公孙龙答说："这真是荒谬至极，我以白马非马的理论闻名，你却要我放弃这个理论，那我就没什么可以教你了；而且，想拜别人为师，是因为你自己的聪明和学问都不如别人，现在你居然先教训我，再来拜我为师，太过分了。"

公孙龙接着说："你可知道白马非马这个理论，是被你的祖上孔夫子认同的呀！"

于是，公孙龙给孔穿讲了一个故事：楚王在外面打猎，遗失了一把弓，他的侍从要去把弓找回来，楚王说："楚人遗弓，楚人得之，又何求乎！"意思是："我是楚国人，我丢了一把弓，但最后还是楚国的人捡到这把弓，正是'肥水不流外人田'，何必去找呢？"孔夫子听到了，就说楚王的心胸不够宽广，他说："人亡弓，人得之而已，何必楚！"意思是："一个人遗失了一把弓，另一个人捡到就好了，何必一定得因为捡到弓的人是楚国人才不去找呢！"孔子的意思只不过是"心胸眼光要放得更广"，公孙龙却抓住这句话，跟孔穿说："你的祖上孔夫子也把楚人和人做了区别，楚人非人，不正是白马非马一样的概念吗？"

后来，有人说老子又延伸了孔子的说法，不讲"人亡弓，人得之"，而把"人"字拿掉，只讲"失之得之"，反映了道家人和万物都一样平等的看法。后来又有人认为，弓是身外之物，本来就连得失的观念都不应存在，可以说是佛家四大皆空的境界。

■ 下结论前多想一想

"白马非马"这句话也常常被模仿，用来大玩文字游戏："女朋友不是朋友"这句话，是许多交过女朋友、有过酸甜苦辣的人有感而发的话；"男人不是人"大概是女人生气时骂老公的话；至于"老师非师""大学不学"应该是用来警惕自己而不是用来批评别人的话。

在逻辑学里，我们把"对和错""是和非""真和伪""诚实和说谎"这些概念清清楚楚地区分出来，不留任何模糊的空间。但是，在日常生活里，在哲学和数学里，字词语意的模糊，前提的设定如何，理念的连接严谨与否，往往会带来意想不到的结论，甚至是自相矛盾、互不兼容的结论，这些理论都统称为"悖论"。"悖论"是指也许荒谬错误、也许不能自圆其说、也许自相矛盾的结论。悖论的英文是"paradox"，这个词来自希腊文，意思是"多想一想"，也许悖论就有点像《红楼梦》里所说的"假作真时真亦假"吧！

有人将悖论分成三类：第一类的悖论是"似非而是"，就是听起来好像是错的、不可能的，其实却可能是对的。例如：某人在他第五次生日的生日会上抽烟、喝酒、唱歌、跳舞，你可能会说他才 5 岁，不可能这样做。但原来这个人在 2 月 29 日出生，第 5 次生日时，他已经 20 岁，成年了。又例如：父亲和儿子发生意外，父亲不幸身亡，儿子被送到医院急救，主治医生却说："我不能为他开刀。"你心想这医生也太没医德了，但原来主治医生是他妈妈，有着回避利害关系的考虑。又如：某人说他在日本的银行账户里没有一分钱，却在东京不愁吃、不愁穿。乍听之下毫无道理，仔细一想，原来日本货币以"元"为最小单位，没有角和分。

第二类的悖论是"似是而非"，通常是由于推理过程中的错误，引导出错误的结论。大家在学校里都听老师讲过如何证明2等于1，要证明这个结果时，常犯的错误是忽略了一个代数里的规则：等号的两边被0除之后，两边的结果就不一定相等了。

第三类的悖论是"自相矛盾"或者"解释不清"的结果，这也许源自假设的前提，也许源自推理过程中的瑕疵，下面是一些有趣的例子：

（1）兔子追乌龟

假设兔子追乌龟的故事中，兔子落后乌龟 100 米，兔子每分钟跑 11 米，乌龟每分钟走 1 米，请问几分钟后兔子会赶上乌龟？答案是：10 分钟。因为，在 10 分钟之内，兔子跑了 110 米，乌龟走了 10 米。用很简单的代数就可以把这个结果算出来了：用 x 代表乌龟走的距离，方程式为 $x=\dfrac{100+x}{11}$。解开这个方程式，x=10。

从另外一个角度来看，若兔子和乌龟同时起跑，当兔子跑了 100 米，到达乌龟原来的出发点时，乌龟已经向前走了 9.0909 米；

兔子追到这个点时，乌龟又向前走了 0.826 米，当兔子又追到这一点时，乌龟又再向前走了 0.075 米。因此兔子永远落在乌龟后面一点点，永远赶不上乌龟。这个结论很显然是错的，但是错在哪里呢？其实关键点在于，虽然兔子要重复上面的做法无穷多次才会追上乌龟，但是这无穷多次的追赶不需要在无穷大的时间内完成，而可以在有限的时间——10 分钟内完成。

（2）信封里的钱

桌上有两个信封，一个信封内放的钱是另外一个的两倍，你选了一个信封，打开一看里面有 200 元，假如你有一个机会可以选择换另外一个信封时，你要不要换？如果另外一个信封里是 400 元，换了就可以赚 200 元；如果另外一个信封里放的是 100 元，那么换了就会赔掉 100 元。这两个可能各有 $\frac{1}{2}$ 的机会，$\frac{1}{2}$ × 赚了 200 元加上 $\frac{1}{2}$ × 赔了 100 元，预期可以赚 50 元，所以结论是一定要换。这个说法听起来有点道理，再仔细一想却有点怪。若是选好了不换呢？你也可以先在心里选定一个信封，不讲出来，然后在心里把信封换了，再把要换的信封是哪一个讲出来，这样一来等于是选好再换，那是不是也跟前面所讲的一样，预期可以赚 50 元呢？这就把我们搞糊涂了，换也赚 50 元，不换也赚 50 元。其实，前面的论述有一个破绽。当你打开选好的信封，里面有 200 元时，你知道有两个可能：一个可能是另外一个信封里有 400 元，第二个可能是另外一个信封里有 100 元；在这个时间点只有一个可能是真的，如果是第一个可能，你换了会赚 200 元，如果是第二个可能，你换了会赔 100 元。这无关概率的问题，用概率来算预期的赚赔是错误的方法。其实，如果两个信封里放的各是 400 元和 200 元的话，换和不换预期的收入都是 $\frac{1}{2}$ × 400+ $\frac{1}{2}$ × 200=300；如果两个信封里放的各是 200 元和 100 元的话，换和不换预期的收入都是 $\frac{1}{2}$ × 200+ $\frac{1}{2}$ × 100=150。换和不换只是一个烟幕弹而已。

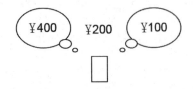

（3）意料不到的死刑

某囚犯被宣判死刑，法官说："死刑会在下星期你意料不到的一天执行。"囚犯很开心地为自己开解：死刑不可能在星期五执行，因为如果到了星期四下午他还活着的话，他就预知死刑会在星期五执行了，那就不是意料不到了；既然如此，死刑也不可能在星期四执行了，因为如果星期三下午他还活着的话，他就预知死刑会在星期四执行了，那又不是意料不到了；既然如此，死刑也不可能在星期三执行，也不可能在星期二执行，也不可能在星期一执行，所以，死刑根本不可能执行。于是囚犯得出结论：法官的判决不可能执行。这个例子的重点在"意料不到"这个词的解释，如果死刑在星期一到星期四任何一天的早上执行，就都是囚犯意料不到的，并没有和法官讲的话有冲突。

（4）控告老师得100万

有一位法学院的老师教育他的学生说："你好好念书，将来做了律师会发大财，你可以给我100万元，如果你出道后，第一场官司打输了的话，我会把这100万元还给你。"学生当上律师之后，没有生意上门，他就到法庭去控告他的老师，要求收回这100万元。两人对簿公堂时，学生说："如果法官判我赢了，您得依法官的判决还我100万元；如果法官判我输了，您得按照您在学校里的承诺还我100万元。"老师说："如果法官判你赢了，按照我们的约定，我不必还你100万元；如果法官判你输了，依照法官的话，你自然拿不到100万元。"你看出其中的悖论了吗？

（5）矛盾的三句话

有一张纸上写了三句话，第一句话是"2+2=4"，第二句话是"2+2=5"，第三句话是"这三句话里，只有一句话是对的"。

毫无疑问，第一句话"2+2=4"是对的，第二句话"2+2=5"是错的。如果第三句话是对的，那么这三句话里就应该有两句话是错的，第一句话和第三句话是对的，那么第三句话就是错了；如果第三句话是错的，但第一句话是对的，第二句话是错的，那么第三句话也就对了，到底第三句话是对还是错呢？

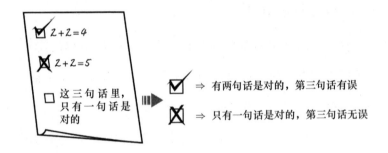

（6）矛盾的两句话

让我们把三句话精简成两句话。有一张纸上写了两句话，第一句话是"下面那句话是对的"，第二句话是"上面那句话是错的"。如果第一句话是对的，它指出了第二句话是对的，但是第二句话说上面那句话是错的，所以又从第一句话是对的，推回到第一句话是错的，真是对错难分了。请想一想，到底第一句话是对还是错，到底第二句话是对还是错？

（7）刮胡子的理发师

　　某村子里有一位理发师，他会替每一个不刮自己胡子的人刮胡子，那么他会不会替自己刮胡子呢？如果他自己不刮胡子，他就要替自己刮胡子；如果他刮了自己的胡子，他就不会替他自己刮胡子，到底他会不会替自己刮胡子呢？这个悖论的解套是：一个替每一个不刮自己胡子的人刮胡子的理发师根本不可能存在。这个悖论是 20 世纪著名的数学家罗素（Bertrand Russell）发现的，叫作"罗素的悖论"，在数学的集论（set theory）、信息科学的可算法（computability）里都是一个重要的结论。

PART 2

人际的逻辑

你有几个朋友

"请问你有几个朋友？"要解决这个问题，最原始的办法是请对方坐下来，把他记得的朋友的名字一一写下来，不过这样做不但很累人，而且一定不齐全，那么到底应该怎么做呢？

■ 半猜半估的技巧

从社会科学和统计学的观点来看，这个问题很有意思。不过，我得先为"朋友"这个词下一个定义。朋友有泛泛之交的朋友，有工作上、业务上的朋友，有一起喝酒唱歌、打球玩乐的朋友，也有深交的知己朋友。但是，为了比较科学地回答"你有几个朋友？"这个问题，必须先把"朋友"这个定义简化为"要么就是朋友，要么就是陌生人"，做一番 0 或 1 的区分，不能有模糊地带。所以在此的"朋友"是你叫得出他的名字，他也叫得出你的名字，或者是他对你的个人或者工作信息有相当程度的熟悉，同时你对他的个人或者工作信息也有相当程度熟悉的一个人。

当我们简化了朋友的定义之后，原则上，每一个人就可以决定到底他有几个朋友了，只要我们把全世界 70 多亿的人排在他面前，他就可以一个一个地把他的朋友挑出来。但事实上这是不可行的，我们得用其他合理的方法来估计，用英文说就是"estimate"。

跟"估计"有点相似的是"猜想"，但猜想有点凭空瞎猜的意味，用英文说就是"guess"，所以，有人就把"猜想（guess）"和"估计（estimate）"两个词合起来成为一个新词"guesstimate"，就是半猜半估，凭点运气，凭点灵感，也凭点合理的经验和原则，中文就译成"猜估"，在许多实用的问题上，这是一个有用的技巧和概念。

■ 波音 747 能装几颗高尔夫球？

举一个简单的例子："一架波音 747 客机大概可以装几颗高尔夫球？"这个问题是可以做合理的猜估的。一颗高尔夫球的直径是 4.2 厘米，4.2 厘米的 3 次方大约是 75 立方厘米，就是一颗高尔夫球大约占的空间；一架波音 747 客机大约可以坐 400 名乘客，每名乘客占的空间大约是 180 厘米 ×35 厘米 ×30 厘米，大约是 19 万立方厘米，所以，一名乘客占的空间大约是 2,520 颗高尔夫球占的空间，400 名乘客占的空间大约就是 100 万颗高尔夫球所占的空间。假设一架波音 747 客机连同客人的座位、洗手间、行李架等，全部空间加起来是乘客所占空间的四倍，也就是约能放入 400 万颗高尔夫球，这个答案准确吗？绝对不准确，但是，你现在知道一架波音 747 客机如果装满了高尔夫球的话，数目应该是以百万为单位，这就是"猜估"。但是，作为一位工程师，有一个很基本的猜估之后还得算一下，一颗高尔夫球的重量约是 46 克，一架波音 747 空机的重量大约是 20 万公斤，起飞时的最大重量约为 40 万公斤，所以可以载约 20 万公斤重的高尔夫球，换算起来就是超过 400 万颗高尔夫球。所以，用体积和重量来猜估，答案都是差不多的。

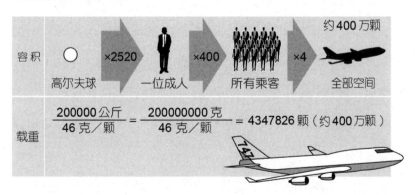

■ 一个人有 300~3,000 个朋友

回到"请问你有几个朋友？"这个问题。曾经有人做过实验，请一个人把他记得的朋友的名字一一写下来后，把总数乘以 2 或者另外一个倍数（这未尝不是一个合理的猜估方式），结果是，一个人大约有 500 个朋友。

有一位社会科学家尝试过另外一个方法，他在身上带着一本笔记本，把自己每天接触到的人的名字写下来，这样做了 100 天后，他一共写下了 685 个名字。假如 100 天内他接触到超过 600 人，在 20 年内，他遇到的人应该是 60 倍，大概是 40,000 人，不过，在第一个 100 天里他接触过的人，可能有许多也是他在第 2 个 100 天或者第 3 个 100 天里接触到的，所以他打了个折扣，估计自己大约有 15,000 个朋友。

这位科学家也想出了另外一个办法。他从一本大城市的电话簿里随机找出 30 页，把这 30 页里的名字全部列出来，看自己有多少个朋友出现在这 30 页里。假设在这 30 页里，他找到 100 个朋友，而这本电话簿有 1,000 页，1,000 页大约是 30 页的 30 倍，既然他在每 30 页里有 100 个朋友，那么他可以估计自己总共有 3,000 个朋友。当然，不同的猜估方式也隐含了对"朋友"的不同定义。

另外一个相似的方法是，请一个人写下朋友中有某些特色——

如吃素——的人的名字，因为吃素的人数只占全部人口的一部分，假设全部人口有 10% 的人吃素，而这个人有 100 个吃素的朋友，那么他大概有 1,000 个朋友。

这些例子说明了两件事：一方面是，我们没有可行而又准确的方法来计算一个人到底有几个朋友，但是另一方面，我们却有一些虽嫌粗糙但还算合理的方法，去猜估一个人有几个朋友。通过很多不同的方法，社会科学家得到的普遍结果是一个人大约有300 到 3,000 个朋友。

▓ 经验法则：大拇指的启示

在日常生活里也好，在工程学、经济学、社会学的领域里也好，我们常常会用一些经验上得来的规则帮助我们做猜估，这在英文里叫作"大拇指规则（rule of thumb）"。为什么叫作"大拇指规则"呢？一个不可靠的传说是，在 16、17 世纪时，法律允许丈夫可以用棍子打妻子，但是他用的棍子粗细不能大于他的大拇指，用大拇指的粗细来做一个大约的标准，这就是"大拇指规则"的由来。

《格列佛游记》里说，如果先量度你大拇指的周长，那么你手腕的周长会是大拇指周长的双倍，你脖子的周长是手腕周长的双倍，你的腰围是你脖子周长的双倍。所以，如果你的大拇指周长是 8 厘米，你手腕的周长是 16 厘米，你脖子的周长是 32 厘米，那么你的腰围就是 64 厘米。这也是裁缝的"大拇指规则"，不过这个大拇指规则相当不准确，读者不妨实际量量看。

还有一些例子：美国人中指的粗细就跟日本人大拇指的粗细差不多；一个人身体全部皮肤的表面积是他手掌面积的 100 倍；一个人的手指越长，指甲长得就越快；穿深色的衣服，看起来会比较苗条，穿浅色的衣服，看起来会比较胖……这些都是经验上的规则，都是"大拇指规则"。

把鱼饲料丢到鱼缸里给鱼吃，5 分钟之内鱼没把饲料吃完，它们大概是已经吃得太饱了；麦当劳的顾客愿意走 7 分钟的路程去买一个麦当劳的汉堡，所以，两家麦当劳之间的路程不宜超过 14

分钟；假如你可以选择什么时候去医院做检查或者动手术的话，不要选七月，因为这是新的实习医生报到的时候；如果理发店里有两位男性理发师可以选择，选发型比较难看的那一位帮你剪，因为理发师们的头发通常都是互相剪的；假如有 100 人上网讨论消息和意见，大概是一个人写文章，10 个人发表意见，剩下的 89 个人只是看看而已。这些也都是根据经验猜估而来的"大拇指规则"。

除了"大拇指规则"外，还有"老太婆的故事（old wives' tales）"，但都是些传说、迷信，不见得有什么科学计算的依据。例如说：眼睛跳、耳朵痒、打喷嚏，都是有人在想你，讲你的好话或坏话；一口气把生日蛋糕上面的蜡烛吹灭，生日愿望就会成真。不过，有些迷信也有一点出处和似是而非的理由，譬如说：从一把靠在墙壁上的梯子底下走过，会带来噩运，这应该有点道理，因为这把梯子很可能会倒下来打在你头上；多吃胡萝卜可以增强视力，这是第二次世界大战的时候英国人制造的谣言，那个时候，英国人已经发明了雷达作为秘密武器，但是他们骗德国人说英国的飞行员是因为多吃胡萝卜，所以视力特别好；还有，"每天吃一个苹果就不必去看医生了。（An apple a day keeps the doctor away.）"当然，吃水果是有助健康的，这个"老太婆的故事"，也许是种苹果的农夫们传出来的吧！

■ 跟朋友有关的数学定理

"大拇指规则"和"老太婆的故事"都是一些粗略的推论、猜想、传说，甚至是迷信。现在来看看几个数学上跟朋友有关的严谨定理。

第一个叫作"友谊定理（Friendship Theorem）"，这个定理说：如果在一群人里，每两个人就有一个共同的朋友，而且只有一个共同的朋友，那么这群人里，一定有一个人是所有人的朋友。这个定理说起来很简单，但是要做一点数学运算才能够把它证明出来。

第二个叫作"八卦定理（Gossip Theorem）"：有 2 个人都知道一些八卦，假如他们要交换分享这些八卦，他们 2 个人之间只要打一通电话就可以达到目的了。如果增加为 3 个人，这 3 个人分别是 A、B、C，他们要交换共享八卦，A 和 B 必须先通电话交换八卦，B 再和 C 通电话，那么 B 和 C 就都知道全部的八卦了，只要 C 再和 A 通电话，3 个人就都知道所有八卦了，所以一共要 3 通电话。4 个人呢？ 4 通电话。8 个人呢？ 12 通电话。10 个人呢？ 16 通电话。n 个人呢？ 2n-4 通电话。怎样安排通话是相当简单的，但是要证明 2n-4 通电话是最小的通话数目，还得动点脑筋。

最后是"拉姆齐定理（Ramsey's Theorem）"，这是个说起来简单，可是推广后却非常复杂的数学题目。假设每 2 个人之间的关系不是朋友就是陌生人，在任何情形之下，我们可以随便找出 6 个人，其中 3 个人彼此之间都是朋友，或有 3 个人彼此之间都是陌生人。假如读者对这个定理有兴趣的话，可以进一步做以下尝试：1. 举例说明，当只有 5 个人的时候，这个定理是不成立的；2. 证明这个定理是正确的。

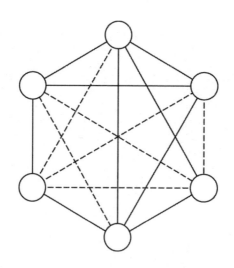

根据这个定理，推而广之：随便找出 18 个人，在任何情形之下，其中会有 4 个人彼此之间都是朋友，或有 4 个人彼此之间都是陌生人。同样的，如果只有 17 人，那这个定理是不成立的。再推而广之：随便找出 m 个人，在任何情形之下，其中有 5 个人彼此之间都是朋友，或有 5 个人彼此之间都是陌生人。那么 m 是多少呢？在过去五六十年里，数学家们都还没有找到这个题目的答案，他们只知道是介于 43 和 49 之间。如果再推而广之：随便找出 n 个人，在任何情形之下，其中有 6 个人彼此之间都是朋友，或有 6 个人彼此之间都是陌生人，那么 n 是多少呢？这个问题就更复杂了。

人与人的距离

　　有一位工程师、一位物理学家、一位数学家一起在苏格兰坐火车，当他们看到火车窗外出现一只黑色的羊时，工程师说："全苏格兰的羊都是黑色的。"物理学家说："你不能下这个结论，你只能说'在苏格兰有一只羊是黑色的'。"数学家说："你也不能下这个结论，你只能说'在苏格兰有一只羊的左半边是黑色的'。"这是个跟抽样有关的故事。

■ 用少数代表多数的"抽样"

一个人到底有几个朋友？按照不同方法猜估，前文说过答案大概是 300 个到 3,000 个之间。从这么一个简单的概念出发，后头有许多有趣且相当深奥、重要的数学问题。

首先，假设我们已选定了某种猜估的方法去计算一个人有多少个朋友，不同的人有不同数目的朋友，那么平均一个人有几个朋友呢？诸位都知道平均值的算法很简单，只要知道全世界 70 亿人每一个人有多少个朋友，再把结果加起来以 70 亿去除，那就是平均值了。但是，我们不可能知道 70 亿人每一个人的朋友数目，我们需要寻求替代的方法，例如：先找 100 个人，把他们的朋友数目平均值找出来，就当是 70 亿人口的平均值了，这就是统计学上"抽样（sampling）"的概念。换句话说，我们用这 100 个人或者 1,000 个人作为代表，希望以此算出来的结果跟真正的结果相差不远。

"抽样"这个概念应用得非常广泛，譬如说：在选举的时候，民意调查就是在几百万的选民中找出几千个人作为抽样，以他们的意见代表全体选民的意见。另外一个例子是关于一个产品的制造不合格率，我们会在 100 万个产品里选出 1,000 个抽样，如果发现其中有 2 个是不合格的，那么我们会说这 100 万个产品的不合格率是 2‰。抽样是统计学中很重要的方法，其中最重要的两个问题是：该选多少抽样？该怎么选择抽样？

■ "误差界限"与"信心水平"

首先简单讨论一下第一个问题："该选多少抽样？"如前所述，如果我们要计算 70 亿人每一个人平均的朋友数目，准确的答案是把 70 亿人每一个人的朋友数目总和算出来后，再来算平均值，但当这样做太麻烦甚至不可能的时候，我们就必须进行抽样。如果在 70 亿人口中抽 35 亿人来统计，那么算出来的结果虽不一定完全准确，但应该相当接近了；如果只抽 1 亿人的话，结果则很可能跟准确的答案有若干误差；而如果只抽 1,000 个人的话，结果很可能跟准确的答案有更大的误差。很明显，抽样的大小跟结果的误差有密切的关系，而在统计学上，抽样应该有多大，算出来的结果跟准确的结果比较相差不会超过某一个百分比，这个百分比就叫作"误差界限"（margin of error）。套用一些统计学的公式，就可得知抽样大小的最低限度应该是多少。

假设抽样的大小是 2,000 个产品，误差界限是 3%，不过那并不表示，每次抽 2,000 个产品，得出来的结果误差一定是在 3% 之内，也许很多次不同的抽样得出来的结果误差是在 3% 之内，偶然有几次的抽样得出来的结果是在误差界限之外。所以，我们得加上另外一个概念，叫作"信心水平"（level of confidence），若每 100 次的抽样检验过程中，有 90 次得出来的结果误差界限是在预定的范围之内，那么 90% 就是我们的信心水平。总之，当我们做抽样测试时，如果我们希望误差界限小、信心水平高，那么抽样越多，结果就会越准确。

■ 退稿就像吃臭鸡蛋

至于第二个问题"该怎么选择抽样？"我就卖个关子，不在这里多谈了。统计学是一门有趣又有用的科学，大家可以找些书来看看，多了解一点。科学家相信统计学，那么文学家呢？有人相信，也有人不信。

大家都听过盲人摸象的故事：有几个盲人从不知道象是什么动物。有一天，他们一起去摸一头象，摸到鼻子的，说象是一根管子；摸到耳朵的，说象是一把扇子；摸到脚的，说象是一根柱子；摸到尾巴的，说象是一条绳子；摸到身体的，说象是一道墙；摸到象牙的，说象是一根大萝卜。所以这里的结论是：抽样是不可靠的。

有一位作家寄了一本书的初稿给出版社的总编辑，过了一天书稿就被退回了，总编辑说不适合出版，这位作家很生气地写了一封信给总编辑："你没有看完我的书稿，凭什么决定这本书不适合出版呢？我把稿子寄给你的时候，刻意把第100页和第101页粘起来，我打开被你退回的书稿，第100页和第101页还是没被打开，可见你根本没有看完我的书稿。"总编辑回了一封信说："我吃鸡蛋的时候，如果第一口咬下去就发现这是一颗坏掉的臭蛋，难道我还要继续咬下去吗？"这也是抽样。

成语里也有"以管窥豹，可见一斑"这句话，就是说，通过一根管子来看一只豹，起码可以看到它身上的一个斑纹，今天"可见一斑"这句成语，是说抽样这个概念和方法还是有用的。另外两个成语"以管窥天""以蠡测海"，则是指眼光狭窄、力量有限，无法看到全貌，是不相信抽样的例子。

威廉·布莱克（William Blake）有一首很有名的小诗，前面两句是："从一粒沙里看世界，从一朵野花看见天堂。"（To see a world in a grain of sand/ And a heaven in a wild flower.）不也正是"抽样"吗？

■ 朋友的朋友的朋友……

"朋友"这个题目有一个很明显而自然的延伸："某某公司的大老板是您的朋友吗？""不是，但他是我一位好朋友的朋友。""朋友的朋友"这个关系，容易推而广之——朋友的朋友的朋友、朋友的朋友的朋友的朋友……一直下去，那就包括了很多很多人在内了。为了方便说明，让我用"距离"这个概念把"朋友的朋友"这个关系数字化：

假如一个人是你的朋友，你和他之间的距离是 1；

假如一个人是你的朋友的朋友，你和他之间的距离是 2；

假如一个人是你的朋友的朋友的朋友，你和他之间的距离是 3；
……

依此类推。

在社会科学的研究里，有一个流传很广的说法：世界上任何两个人之间的距离大概是 6。这个说法是怎样来的呢？ 1967 年，美国哈佛大学的一位社会科学家做了一个实验，他在美国中西部的一个小城找了 60 个人，给了每个人一封信，信上面所写的收信人的名字，是在波士顿一个神学院里某个学生的太太。这 60 个人的任务，是在自己的朋友里选一位他认为最有可能帮上忙的人，把信交给他，让他同样找一个朋友，再通过一连串朋友把这封信亲手送到这位太太手上。果然，4 天之后，这封信就送到这位太太的手上了，而且这封信传递的记录也验证了送信人和收信人之间的距离大概是 6。这也就是社会科学家称为"六度分离（6 degree of separation）"的理论。

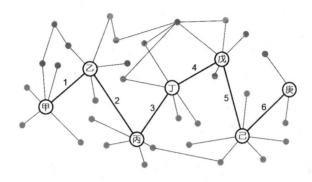

　　相信很多人一听到这个说法，立刻的反应是：只有 6 这么小吗？首先，让我以简单的估算说明这个推论不是不可能的。前面讲过每个人大约有 300 ～ 3,000 个朋友，但在此为了方便先假设每个人只有 100 个朋友，这 100 个朋友每人又有 100 个朋友，这样反复计算，在等于或小于 6 层关系之内，一共包括了 1 万亿人，远远超过全世界的人口总数。当然，在这 1 万亿人里，有很多被重复计算的朋友。

　　我再举一个虚拟而又具体的例子来说明：在新竹城隍庙夜市卖鸡排的一位阿嬷认识一位在园区上班、常常买她鸡排的工程师，这位工程师大学时代的一位室友曾经在非洲当过义工，在那里他认识一位从法国来的女孩子，这个法国女孩子在巴黎有一位从加拿大来的男朋友，这个加拿大人的姐姐在美国旧金山工作，她公司的大老板是一位来自黎巴嫩的移民，所以，从卖炸鸡排的阿嬷到从黎巴嫩来的大老板，中间的距离也只是 6 而已。

　　1967 年的这个实验引起了许多社会科学家的注意，也因而推动了探讨"世界是小的"这个现象。不过，若干年之后，从这位社会科学家的档案里，有人发现他的论文有报喜不报忧的缺点，他没有把原来 60 封信的来龙去脉完全整理出来，没有交代清楚从这 60 个人开始，有多少人的确通过若干个中间的朋友，把这封信送到这位神学院的学生的太太手里。

　　不过，这个"六度分离"的理论，起码在直觉上，大家觉得相当合理。后来有社会科学家继续做了更多的研究，对"六度分离"这个理论也有更多的了解。有一个研究是这样的：假设新竹有一群在园区工作的工程师，他们平常来往频繁，是一群很密切的朋友；在旧金山有一群从事房地产买卖的华人，他们平常来往频繁，也是一群很密切的朋友。如果，新竹的工程师里的其中一人被派到旧金山半年，他和这些从事房地产买卖的朋友结识而来往，过了一段时间，这两组朋友就会渐渐融合成为一组了。这个例子说明，原本不同的城市有很多组单独孤立、但是相当紧密结合的朋友，但只要一组里的一个成员有机会和另外一组的一个成员互动，慢慢地这些组就会融合起来，世界的确是因此而变得越来越小了。

■ 株连十族的由来

　　与友情很相似的一个概念是血缘，若我们设定一个人和他的父母亲的血缘距离是 1，和他儿女的血缘距离也是 1；那么，他和他兄弟姐妹的血缘距离是 2，他和祖父母的血缘距离也是 2；因此，他和他的伯父、叔父、姑母、舅舅、姨母，也就是父母亲的兄弟姐妹的血缘距离是 3。

至于中国历史上常讲的"一人犯罪，株连九族"，九族是什么呢？一个比较普遍的说法是"父族四、母族三、妻族二"。"父族四"是自己一族（包括祖父、父亲、儿子、孙子、兄弟、叔伯）、出嫁的女儿和他们的儿子一族、出嫁的姐妹和他们的儿子一族、出嫁的姑母和他们的儿子一族。从这里大家可以看出古代重男轻女的观念，男性是属于自己一族，女性就算另外一族了。"母族三"是指外祖父一族（包括外祖父的儿子，也就是舅父）、外祖母的娘家一族、外祖父母的女儿（也就是姨母）一族。"妻族二"，就是岳父一族、岳母一族。

除了诛九族之外，什么是诛十族呢？明成祖朱棣夺位后，想让一位前朝的大臣方孝孺拥护服从他，但方孝孺不肯，明成祖跟他说："你不听我的话，我就诛你的九族。"方孝孺说："不要说诛九族了，诛十族我也不怕。"于是明成祖就把门生加上，真的诛灭了方孝孺十族。

■ 厄多斯距离

在数学界里，有一个与前文"六度分离"很相似也很有趣的理论，叫作"厄多斯距离（Erdos Number）"。厄多斯（Paul

Erdos）是 20 世纪一位非常有名的匈牙利数学家，他一辈子环游世界各地，跟很多人一起合作研究，一共发表了 1,500 篇数学研究的论文，跟他共同发表论文的人数一共有 500 多人，当然这 500 多人又跟其他很多人合作发表论文，因此大家就提出一个新的距离概念，叫作"厄多斯距离"。假如你和厄多斯合写过一篇论文，你的厄多斯距离就是 1，正如上面所讲的，有 500 多位数学家的厄多斯距离是 1；假如你和厄多斯距离是 1 的人合写过一篇论文，那么你的厄多斯距离是 2，目前有 6,000 多人的厄多斯距离是 2；依此类推，有 3 万多人的厄多斯距离是 3，有 8 万多人的厄多斯距离是 4。

因为厄多斯已经在 1996 年逝世，所以厄多斯距离等于 1 的人数目不会再增加了，但是厄多斯距离等于或大于 2 的人，数目会继续增加。爱因斯坦的厄多斯距离是 2，杨振宁的厄多斯距离是 4，李政道跟杨振宁合写过论文，但是他没有通过比较短的合作途径和厄多斯更接近，所以他的厄多斯距离是 5；比尔·盖茨的厄多斯距离是 4，有差不多 70 位诺贝尔奖得主的厄多斯距离是 2 至 18。至于我自己呢？我的厄多斯距离是 2，因此跟我合作写过论文的人的厄多斯距离会是 3 或者更小。我和内人合写过论文，所以她的厄多斯距离是 3，她又和好几位在台大、台湾交大的教授合写过论文，所以光是在台湾地区信息和数学的领域里，跟厄多斯扯上关系的人，相信一定有几百甚至上千个。

把资料切一片出来看

■ 以小见大

日常生活中，不管在学业或事业上，在公司企业或政府机构里，我们常常都得做许多大大小小的决定，下许多或有重要影响或无关宏旨的结论，我们该怎么做这些决定、下这些结论呢？一个似乎相当科学的回答是：尽量收集资料，越多越好，然后经由严谨的科学过程，最好套用一个公式或者模型，把决定和结论算出来。但是这个方法并不一定在所有情形之下都行得通，也不一定都能得到最好的结果。

首先，数据的收集有人力、物力和时间等因素上的限制，不可能无穷无尽地收集；其次，在许多情形之下，少量资料就足以做出一个正确或可以接受的决定和结论；再次，许多资料是难以量化的；最后，把数据转变为决定和结论，往往是一个没有办法精准描述的过程，甚至说得玄一点，是只可意会而不可言传的，这其中包括许多心理、情绪和外在环境的因素。

在这个大题目下，我们来看看许多根据少量的资料来做决定、下结论的例子。在自然科学里，这样的例子是很常见的，比如：天文学家从微弱的电波辐射来推算宇宙的历史；物理学家从光的绕射（diffraction）来确定晶体的结构；刑侦专家从子弹弹头的碎片来确定发射子弹的枪支和被子弹击中的对象。至于历史上确有其人的宋朝包青天、英国侦探小说作家柯南·道尔（Conan Doyle）笔下的福尔摩斯和日本推理漫画家青山刚昌笔下的名侦探柯南，他们都擅长见微知著的推理方式。

分享一个关于柯南·道尔的推理故事：有一天，柯南·道尔从巴黎火车站走出来，叫了一辆出租马车，他把旅行包扔进车里，然后爬上车，他还没开口，马车夫就问："柯南·道尔先生，您要上哪里去呀？"柯南·道尔有点诧异地问："你怎么知道我是谁？"马车夫说："这还不简单，您鼎鼎有名，我在报上看到您在法国南部度假的消息，而刚刚您是从马赛来的那一列火车下车的。我注意到您的皮肤黝黑，这说明您在阳光充足的地方至少住了一个星期。您右手中指有墨水的痕迹，肯定是一位作家。此外，您有外科医生一般的敏锐目光，穿的又是英国式西装，所以我肯定您就是柯南·道尔先生了。"柯南·道尔说："太厉害了！你能够从这些小地方看出一个人的身份，简直比我笔下的福尔摩斯还高明。"马车走了一会儿，柯南·道尔哑然失笑，他发觉自己被马车夫唬住了，原来他的旅行包上就写着他的名字"柯南·道尔"。

我常坐出租车，下车时都会跟司机说一声："谢谢您！ X 先生。"司机有时会讶异地问我："您怎么知道我姓 X ？"其实台湾出租车前座椅子的背后，都挂着司机的执业登记证，有照片也有名字。

■ 爱情实验室

在心理学、社会学的领域里，在政治、商业行为和日常生活中，以少量的资料做决定、下结论的例子确实不少。不过这些数据是难以准确量化的，例如：笑容、眼神、手势、衣着打扮、语言谈吐等。其次，因为没有很多思考和分析的时间，做决定、下结论的时间往往是短暂的，从瞬间到几分钟、几十分钟之内就得做出决定。心理学家把少量的观察资料称为"薄片（thin slice）"，和薄片相对的就是"厚片（thick slice）"，也就是大量的观察资料。在过去二三十年里，心理学家对"薄片"这个概念和它对行为预测的功效，做了相当多的研究。2005 年，葛拉威尔（Malcolm

Gladwell） 在他写的一本畅销书《决断 2 秒间》（*Blink*）里，做了一个广泛而有趣的介绍。blink 的意思是眨眼，以此作为书名，就是强调观察和决定都发生在短短的一眨眼之间。站在学术研究的角度，有些细节是必须严谨推定的，例如：短暂的观察时间是多长？从不到一秒钟到几十分钟，不同的时间，结果会不会不同？观察的渠道是什么，语言吗？表情吗？手势吗？心跳的速度和出汗的多少吗？还有，预测结果的准确性该怎样来判定？这些问题就留给专家吧！我们先来看看一些有趣的例子：

美国华盛顿大学的心理学家高特曼（John Gottman），开了一个所谓的"爱情实验室"，号称可以预测一对夫妻婚姻的前景。来到爱情实验室的夫妻，会坐在相隔几尺的两把椅子上，椅子底下有一个机械装置，用来量度身体的摇摆移动；夫妻身上会装上传感器，用来量度他们的心跳速度、汗液分泌量、皮肤表面温度；还有两部录像机分别记录两个人讲的话和脸上表情、使用手势等，然后就请这些夫妻花 15 分钟讨论他们婚姻生活中任何一个问题。

有一对夫妻住在一间小小的公寓里，他们养了一条狗，先生很讨厌这条狗，但是太太却很喜欢这条狗。两个人从一开始轻松地谈话，到针锋相对地谈话，谈了 15 分钟。录像结束后，实验室里的专家会小心地检视先生和太太的录像，每隔 1 秒钟打一个分数，以作为情绪上的分类，这个分类从 1 到 20 各代表不同情绪。

例如，1 是鄙视，2 是愤怒，10 是强辩，12 是悲伤，14 是中性等。全程 15 分钟计算下来，这对夫妻每个人都有 900 个分数，再加上传感器记录下他们在这段时间内的生理反应，把这些数据经过一系列复杂的运算，结论是 15 年后这对夫妻的婚姻关系还是会维持。出乎意料，预测结果的准确度竟然是 90%。如果把观察的时间从 15 分钟延长到 1 小时，预测的准确度更提高到 95%。

另外一个相似的实验是把观察的时间缩短到 3 分钟，观察 124 对新婚夫妇，让他们讨论婚姻里一个比较敏感的话题。6 年后这些人中有 17 对夫妻离婚了，回头检视他们的录像记录，可以发现在新婚时他们的对话里就已经出现比较负面的情绪、语言和动作，和彼此之间攻击和反击的态度。

这两个例子让我们对"薄片"这个概念和技术有了比较全面的了解。在某些例子里，这个概念和技术是相当有效的，但是我们要选取哪些薄片呢？高特曼选的 20 种情绪分类是凭他专业的判断，认为这些分类就足以模拟婚姻的状态。他还说，在婚姻里"鄙视"（这是 20 种情绪分类里的第一种）意味着拒绝和排斥，会带来压力，因此从夫妻之间鄙视对方的程度，甚至可以估计出他们伤风、感冒的次数，因为压力是导致伤风、感冒的一个因素。

有了"薄片"的数据后，仍必须经由专家花费相当多的时间去分析这些数据，才能得出最后结论。但是在许多情形之下，往往由非专家根据若干薄片的资料，就迅速地做出结论了，那么这样的结论可靠吗？有个例子指出专业判断的重要性：《决断 2 秒间》的作者葛拉威尔从高特曼的实验室里拿到了 10 对夫妇 3 分钟的对话录像带，这 10 对夫妇里有 5 对在 15 年内离了婚，他在观察了这些影像之后，想把离婚和维持婚姻关系的夫妻找出来，结果在 10 个答案中，他只对了 5 个。

■ 人格因素模型

在心理学里，有一个重要的研究课题是怎样建立一个模型来描述一个人的人格特质。有了这个模型，我们就可以利用这个模型测定每一个人的人格特质，作为判断一个人行为能力的依据，包括他适合从事什么行业，他在什么样的环境下会做出什么样的反应，甚至他的心理和生理健康状态，等等。不过这个模型应该是什么样的，可以说是众说纷纭。近年来最常见的重要模型，就是"五大人格因素模型（Five Factor Model）"，这个模型把人格特质分成五种，就是"开放性""严谨自律性""和谐性""外向性"和"神经质"，但这五大人格因素模型并不是全然为大家所接受，有人认为儿童有七大人格因素，也有人认为西方人和东方人的模型并不一定相同。

开放性的两个极端是"创新、好奇"和"稳重、小心";严谨自律性的两个极端是"效率、组织"和"随和、粗心";外向性的两个极端是"合群、活力"和"害羞、保守";和谐性的两个极端是"友善、热情"和"竞争、直言";神经质的两个极端是"敏感、紧张"和"信心、安全感"。

有了这个模型,心理学家就可以透过问卷来测定每个人的人格特质。要测定他的开放性,可以问他:对抽象的观念有没有兴趣?是充满丰富的幻想,还是实事求是?独立还是随和?在言谈中使用的词汇是否丰富?等等。要测定他的严谨自律性,可以问他:是不是做事前都会好好准备?会不会依照时间表行事?注不注重细节?等等。要测定他的外向性,可以问他:在不在乎目光,甚至有没有刻意引人注目、成为众人的焦点?在陌生人面前话多不多?等等。要测定他的和谐性,可以问他:是不是心肠软?对别人的同情心多不多?是不是容易得罪别人?对别人信任还是怀疑?等等。要测定他的神经质,可以问他:是不是容易生气、容易感到有压力?心情是不是容易改变?是不是老是担心,还是时常可以轻松下来?等等。

通过问卷一一询问一个人的所有朋友,以测定这个人的人格特质,似乎是最有效的做法,这也正是"厚片"的做法。可是有一位心理学家做了一个不同的实验,他采取的是"薄片"的做法,他找了一个对被测试者完全陌生的人,请他到被测试者的宿舍里

（被测试者不在场），在 15 分钟之内，依他在宿舍里得到的观察，回答一连串的问题，例如：这位住在宿舍里的人像不像一个话很多的人？他工作时小心周到吗？他有创意还是很保守？他是个自私的人吗？然后根据这个陌生人的问卷，判断被测试者的人格特质。这两种测定方法的结果如何呢？在外向性的测定上，好朋友的回答比陌生人准确；和谐性的测定上，好朋友的回答也略比陌生人准确；但在开放性、严谨自律性和神经质的测定上，陌生人的结果就比好朋友的结果来得准确。

乍听之下，也许我们会觉得不可思议，但只要我们细想一番，会发觉这倒也不无道理。一个人在宿舍墙壁上挂的图片、书架上的书和 CD、床铺上的枕头和被单、床底下的拖鞋和垃圾，的确都可以告诉我们很多关于这个人人格特质的信息。

■ 可能被控告医疗过失的医生

在医院里，如果我们要预测哪些医生比较可能被控告医疗过失，可以透过一个相当理性也是"厚片"的做法：详细检视他们的学历、经历和过去有没有被控告的记录。但是另外一个被证明更有效的"薄片"做法，是聆听和分析一位医生和他的病人之间的对话。这个做法的立论基础是，病人之所以会控告医生，除了医疗过失的行为之外，还有一个因素是这个病人喜不喜欢和尊不尊敬这位医生；换句话说，当医生犯了错时，喜欢、尊敬他的病人，往往不会怪罪他，而不喜欢、不尊敬他的病人就会追究到底。

有一位心理学家录下一群医生和他们的病人之间的对话，他发现那些花比较多时间和病人沟通，说话比较有条理，比较主动引导病人讲话和提问，且比较幽默轻松的医生，被控告的概率比较低。另外一位心理学家更进一步从一位医生和他的两名病人对话的记录，各选出两段 10 秒钟的对话来分析，换句话说，每一位医生的薄片资料就只有他和两名病人总共 40 秒钟的对话。心理学家把对话的内容过滤掉，剩下来的只有对话的语调、速度、声音的高低和抑扬顿挫，然后像在"爱情实验室"里判断夫妻关系的实验一样，从这些数据里提取出对话中所表达的心态，例如，温暖、敌意、焦虑、强势等，这样他就可以分辨出哪些医生被控告医疗过失的可能性较高。

总而言之，"薄片"这个概念和技术，不光指经由短暂的观察而获得的少量数据，就足以让我们做出可靠的结论。最重要的一点，是我们用什么指标来观察什么东西，和用什么方法来过滤我们观察的结果。传统的、大量的、直接的观察数据和统计分析是"厚片"的做法，但是往往看到的是最明显而不见得是最关键的因素，统计分析则往往忽略了主观、直觉的心理因素。从一对夫妻 15 分钟的对话里，看到他们婚姻的前景；从一个人的宿舍摆设，看到他的人格特质；更加想不到的是，医生和病人的对话，竟然会是医生被控医疗过失的可能性之指标。

我再举另外一个例子：按照美国某个统计的结果，在矫正年龄、性别、体重等因素的影响之后，一个人身高每增加2.54厘米，年薪会增加789美元。假如你要问，为什么身高会和年薪有直接的关系？其中可能有各种解释，不过从薄片资料所得的结论来看，身高的确与年薪有直接的关系。

■ 只可意会、不可言传的内隐知识

前面提过，下结论、做决定的过程往往是短暂实时的，而且是不容易具体地、量化地描述出来的。

1985年，美国知名的盖蒂博物馆（J. Paul Getty Museum）要以700万美元的价格收购一尊据说是公元前530年的大理石雕像。通常要断定一件古董是不是真品有三个条件：1. 追溯这件古董的来源；2. 用科学方法鉴定这件古董所用的材料和年份；3. 听取专家的意见。经过一年多的时间，博物馆认为评鉴的过程充分且满意，正式宣布同意收购这尊雕像。可是有位专家看到这尊雕像时，却盯着雕像的指甲看个不停，他说不出原因，但就是觉得那些指甲有点不对劲；另一位专家第一眼看到这尊雕像时，他跟博物馆的主管说："我希望您还没有付款给卖家。"又有一位专家看到这

尊雕像时，脑海中浮现的是"新鲜"这个词，但对一件号称是2,000 多年前的古董来说，新鲜并不是一个正面的印象；又有一位专家说他第一次看到这尊雕像时，觉得在他和雕像之间隔着一层玻璃；还有一位专家是"直觉的排斥"。接下来，博物馆发现当初追溯古董来源的一些文件是伪造的，而科学家对这尊雕像年份的判断也不完全可靠，因此在博物馆的目录里，这尊雕像的标签是"公元前大约 530 年的雕像或是近代的赝品"。

弗里达·卡萝（Frida Kahlo）是 20 世纪非常有名的墨西哥女画家，去世已经 60 多年了，她的画作价值目前动辄以百万美元计。几年以前，墨西哥一对从事古董买卖的夫妇发现了好几箱她的遗物，包括绘画、信件、日记和衣服等，这些遗物的真实性引起了很大的争论，除了追溯这些遗物的来源和用科学方法去鉴定这些遗物的年份之外，专家们也有正反的意见。有位专家看了一眼其中一张画，就说："毫无疑问，这是赝品。"当有人向他提出科学测试的证据时，他的回应是："我不管科学测试说的是什么。"在许多鉴定艺术品真伪的例子里，专家的说法经常是"感觉不对""没有能量释放出来""艺术品没有在跟我对话"等。专家在短短一瞬间，基于少量"薄片"的数据，就可以做出判断，而且这些判断往往是正确的。

鉴赏家往往凭第一印象就能断定一件艺术品的真伪，商场老手一下子就可以决定一桩买卖是否值得成交，数学大师不假思索就可以判断一个数学上的猜想是否正确，发掘明星、模特的星探一眼就看中了明日之星，篮球教练在片刻间就知道选择什么样的战术，我们说这些都是来自他们的"内隐知识（tacit knowledge）"，也就是隐藏在内部的知识。和内隐知识相对的是"外显知识（explicit knowledge）"，也就是显露在外部的知识。外显知识可以用文字和数据来表达，也容易对通过具体的资料、科学的方式、标准化的程序，或者普通性的原则来和别人沟通分享。相反的，内隐知识是每个人经由生活经验、观察情绪和凭借直觉而获得的知识，这些知识没有办法清晰明确地解释、描述和记载，更无法具体地传授和分享，正是所谓的"只可意会，不可言传"。

每个人的知识就像一座冰山，在水面上的是外显知识，在水底下的则是内隐知识。内隐知识不但是一个人知识的一大部分，更是他外显知识的基础。另外一个说法是，内隐知识是 Know How——知道怎样做；外显知识则是 Know What——知道事实真相（例如：工程师绘制出机器蓝图、会计师制作了收支平衡表）、Know Why——知道原因（例如：科学家对一个科学现象的解释）和 Know Who——认识什么人（例如：一位政商名流的电话簿里记载着许多人的联络方式）。李商隐有两句诗："身无彩凤双飞翼"，是外显知识的 Know What；"心有灵犀一点通"，则是内隐知识的 Know How。

最容易说明内隐知识的例子是怎么骑自行车。会骑自行车的读者，你知道该怎么教你的孩子骑自行车吗？大概有人只会说："不要害怕，用力踩踏板就对了。"语言也是内隐知识，一个从小使用母语的人可以毫不费力正确地使用该语言，但是他却不知道该怎样去教别人使用这种语言。语言学家尝试用文法以及其他规则，把语言的内隐知识编汇成可以传授的外显知识，但是大家都知道，文法和字典是不足以描述语言微妙的含义的。

内隐知识是怎么来的呢？是来自观察、体验和思考，尤其是从大师前辈的一言一行中，我们会累积、更可以形成自己的内隐知识。有一句成语叫"醍醐灌顶"，醍醐是从牛乳中提炼出来的精华，用醍醐淋浇在一个人头上，就是比喻内隐知识的吸收和撷取，但是这个比喻也只能心领神会了。

■ 第一印象也是薄片

不管是凭借详细严谨的科学分析，又或倚赖专家的内隐知识来做决定和下结论，都有相当程度的可靠性。那么除了科学分析跟内隐知识，生活中还有什么情况要使用薄片数据来做决定和下结论呢？

近年来有一种很流行的社交活动叫"快速约会（Speed

Dating）"。快速约会的形式相当简单，一群单身男性和女性聚集在一起，每个人被安排一连串为时 3 ～ 8 分钟的简短约会，经过这一连串约会后，每个男生选出他想继续交往的女生，每个女生也选出她想继续交往的男生，假如双方都相互被选中，主办人就会帮他们交换联系方式。这是快速约会的规则，不能直接问对方的联系方式。这种约会方式使用少量的薄片数据，而且在很短的时间之内就得下决定，按照一些统计结果，许多人根本用不着 3 分钟，往往在见面后 3 ～ 30 秒之内，就决定要不要和这个人继续交往了。那么，他们在这短短的时间之内，收集到的是什么资料？用什么方法根据这些资料来下决定呢？一言以蔽之，就是第一印象。

在如此短暂的时间内，印象是怎么形成的？人们又是怎么从这些印象中获得结论呢？美国哥伦比亚大学的两位教授做了一个实验：他们制作一张表，列出一个人的外貌条件和人格特质，例如：外表、兴趣、幽默感、诚恳、聪明、进取等。在快速约会开始之前，请每个参与约会的人在表上的每一项评分，并从 1 到 10 中选取分数以表示该项对自己的重要性。结果有些人认为外表和幽默感比较重要，有些人认为聪明和进取比较重要。在快速约会的过程中，每一次简短的约会之后，每一个人会用这个表为对方的条件和特质打分数。有趣的是，快速约会结束时，每个人选定交往对象的条件和特质，和快速约会开始前自己强调的条件和特质并不完全相符。换句话说，在开始前说重视外表和幽默感的人，在快速约会的过程中，选的都是聪明和进取的人。更有趣的是，如果第二天问他，什么条件和特质比较重要，他会说是他在快速约会里选中的对象的条件和特质，但是过了几个月后再问他，他又会回到他在快速约会开始前强调的条件和特质了。这该怎么解释呢？一个可能的说法是，在快速约会前和快速约会几个月后，他在意的是他心目中理想的要求，但是在快速约会时和约会后的第二天，现实影响了他的理想。

■ 臆测是一种能力

"臆测"（mind reading）的意思是读别人的脑袋，也就是从一个人的语言、表情、举止，推测他脑子里在想什么。臆测是人和人之间互动的重要方式，有时候人没有办法用外显的信号充分地表达他内在的想法，而有时候人会刻意避免信号外显以隐藏他内心的想法，因此臆测是人和人共处、合作、讨论、协调和竞争过程中的一部分。举例来说：婴儿在几个小时前吃过奶，之后号啕大哭，妈妈就会臆测他脑子里想的肯定是"肚子饿了，我要吃奶"；太太在电视机前看电影，眼中泛着泪光，先生会臆测她脑子里在想什么，是不是她被电影中悲伤的情节感动了？是不是电影让她想起自己以前不愉快的遭遇？是不是电影提醒了她目前的婚姻生活中先生的缺点？臆测有时会对，有时会大错特错，臆测的能力也正是内隐知识。

汤金斯（Silvan Tomkins）和艾克曼（Paul Ekman）是两位著名的心理学家，汤金斯是老师，艾克曼是学生，不过后来艾克曼的名气却超过了汤金斯，甚至被列入 20 世纪最重要的 100 位心理学家里。他们做了一个系统的科学研究，找出面部的表情和内心情绪的关联，发现人的面部有 43 种不同的肌肉运动，不同肌肉运动的组合，就产生不同的面部表情。当然，43 种不同的肌肉运动有许多的组合，但是有些组合是没有意义的，例如小孩子扮鬼脸的表情。在这些组合里，他们找出了 3,000 多个组合，这些组合可以和人的 6 种基本情绪——愤怒、沮丧、恐惧、快乐、悲伤和惊讶相关联，换句话说，他们提出了科学上的证据，证明了面部表情是直接反映内心情绪的，也就是说，臆测是有科学依据的。

每个人都有臆测的能力吗？也未必。在医学上，心理学家发现自闭症患者没有臆测的能力，他们能够了解语言文字本身的意义，但是没有能力从手势、动作、表情去臆测一个人内心的想法，换句话说，自闭症的患者没有凭第一印象下决定的能力。

依据瞬间获得的印象迅速做出决定时，臆测扮演了重要角色。例如：在美国，警察在贫穷地区看到一个少数族群的青年，青年转身就想走开，警察会臆测他犯了罪，此时青年若伸手到自己的口袋拿东西，警察就会先发制人，甚至开枪把这位可能无辜的青年击毙。早上进办公室，老板对你一脸笑容，是老板昨天打麻将赢钱了吗？还是老板要夸奖你工作努力的成果呢？或者老板是笑里藏刀，正准备炒你鱿鱼？这时就要靠你读他脑袋的能力了，读对了，就不会吃亏，读错了，就麻烦大了。

■ 偏见的影响

但是用瞬间获得的印象来迅速地做出决定，往往很难逃脱偏见的影响。有一位美国芝加哥大学的教授做过实验，他找了 38 个人，有白人、有黑人，有男性、也有女性，年龄都相差不多。他安排他们到芝加哥地区 200 多家汽车销售中心买车，他们打扮得很相似，也设定了相似的背景和受教育程度，但是他发现销售员开出的价格却大大不同。平均来说，对白人男性开的价钱最低，白人女性比较高，黑人女性更高，黑人男性最高。把这结果诉诸种族歧视或性别歧视，是过分简化的说法，我们可以相信销售员并没有刻意歧视少数族群或女性的心理，但是在他们心中自动会把少数族群或女性，和"是可以狮子大开口的顾客"这个偏见连接起来。

　　近年来，交响乐团面试或是音乐竞赛，参与的音乐家往往被安排在幕后演奏，以避免性别、容貌或其他无关的因素差异对评审结果造成的可能影响。有时评审委员容易接受杰出的女性小提琴手，但是对女性法国号手难免会有潜意识的排斥。

　　瞬间获得的印象往往是片面不全的，因此也往往导致不正确的结论。

　　美国第 29 任总统沃伦·哈定（Warren Harding）相貌堂堂，初见之下，马上会令人觉得他是块当总统的料。但他并不是特别聪明，私生活也不检点，口才更是平平。不过，他果真仕途一帆风顺，当上了美国总统，很多历史学家都把他评为美国历史上最糟糕的总统。

　　孔子说过："吾以言取人，失之宰予；以貌取人，失之子羽。"宰予是孔子的学生，口才很好，能言善辩，一开始，孔子很喜欢他，后来才发现他品德不好，又很懒惰。有一天他吃过了午饭，便躺在床上睡午觉，被孔子捉到，还被孔子大骂："朽木不可雕也。"相反的，有一个鲁国人子羽想做孔子的学生，但因为相貌丑陋，起初孔子并不愿意，后来勉强收了他做学生，才发现他真是个好学生。

■ 骤下结论

用瞬间获得的印象迅速来下决定，更容易陷在先入为主的成见的框框里。以下面几个脑筋急转弯为例：

爸爸开车带着儿子去上学，不料发生交通意外，儿子重伤被送到医院去急救。当主治医生看到这个重伤的小孩时，她大声惊叫："他的爸爸呢？"请问这位主治医生是谁？答案很简单：主治医生是这个小孩的妈妈。骤下结论是这个小孩的爸爸已经去世了。

有一座由钢铁铸成的沉重而庞大的金字塔，平衡地倒立在它的顶点上，任何轻微的移动都会让金字塔失去平衡倒下来，而顶点就压在一张 100 元的钞票上，请问有什么办法把这张钞票拿掉？答案很简单，用火把钞票烧掉。骤下结论会集中在用机械的方式去移动金字塔或者钞票。

怎么用 6 根长度相同的火柴拼成 4 个等边三角形？答案很简单：用 6 根火柴拼成一个三维的正四面体。骤下结论会陷在二维的平面里找答案。

在通信技术上，和"薄片"这个概念有密切关系的，就是著名的"采样定理（Nyquist-Shannon Sampling Theorem）"。如果我们把一个连续的（也就是模拟的）信号切成薄片，变成一个离散的（也就是数字的）信号——换句话说，这个离散信号是来自原来连续信号一连串瞬间的薄片数据，我们还能不能从这些薄片数据中把原来的连续信号完整地、而非近似地恢复呢？采样定理认为在某些条件之下是可能的，实在是令人出乎意料却又非常完美的结果，有兴趣的读者可以把这个答案找出来。

靠左走，靠右走

■ 左右大不同

2009 年 9 月 7 日，南太平洋的岛国萨摩亚（Samoa） 决定把全国车辆行驶的方向从靠右走改成靠左走，这听起来似乎是一件小事，不过，这其中有许多有趣的问题和历史故事。

按照 1949 年联合国一项全球性的交通协议，每个国家所有道路上的车辆都必须靠同一边行驶，不是大家都靠右行驶，就是大家都靠左行驶，很明显是为了交通安全的缘故，否则后果将会是混乱和危险的。

让我再说清楚一些，靠右行驶，就是车辆依前进的方向行驶在路的右边；靠左行驶，就是车辆依前进的方向行驶在路的左边。在中国和美国，车辆是靠右行驶的，而在日本和英国，车辆是靠左行驶的。以人口计算，全世界有三分之二的人口住在靠右行驶的地区，三分之一的人口住在靠左行驶的地区。

另外，在靠右行驶地区的汽车，方向盘在车子的左前方，在靠左行驶地区的汽车，方向盘在车子的右前方。原因是这样一来，在只有两线道的道路上，驾驶人比较容易看清迎面而来的车辆，而在有多线道的道路上，驾驶人则比较容易看清自己这一侧的前方车辆，以便决定是否可以安全地超车。有些国家按照这些考虑，严格地规定了方向盘的位置，但是也有些国家却比较宽松，并未严格规定方向盘的位置，方向盘在左或在右的车辆都可以上路行驶。这是因为有些从其他地区进口的豪华车或者古旧的老爷车，虽然方向盘的位置和当地大多数的汽车不一致，但还不至于引起很大的安全问题和不便。

萨摩亚政府为什么决定把全国车辆行驶的方向从靠右行驶改成靠左行驶呢？萨摩亚原来是德国殖民地，因此一百多年以来都依照德国的习惯，车辆是靠右行驶的。萨摩亚政府提出车辆改为靠左行驶的理由，主要有两个：一是从美国进口方向盘在左前方的二手车价格比较贵，从澳大利亚、新西兰和日本进口方向盘在右前方的二手车价格比较便宜；二是萨摩亚有将近 10 万人在澳大利亚和新西兰工作，到那边旅游的人也不少，老百姓若习惯了开车靠左，到了澳大利亚和新西兰就比较方便、安全了。

其实，改变行车方向还有第三个理由，不过这个理由不适用于萨摩亚。如果相邻两个地区的车辆行驶的方向不一致，车辆到了边境就得改变行驶的方向，是一件不方便甚至危险的事。例如：瑞典多年来车辆都是靠左行驶，但是和瑞典邻近的国家，车辆都是靠右行驶的，特别是瑞典和挪威之间有很长的相邻边境，所以，瑞典在 1967 年做了改变，规定车辆靠右行驶。不过，这又有个例外，目前中国大陆车辆是靠右行驶的，但是在香港和澳门，车辆是靠左行驶的，所以，香港和深圳之间、澳门和珠海之间，车辆一过了关，就得改变靠左和靠右行驶的习惯。

近几十年来，有好几个国家决定改变车辆行驶的方向，瑞典是在 1967 年，荷兰在 1968 年，缅甸在 1970 年，都是从靠左行驶改成靠右行驶，萨摩亚是历史上唯一从靠右行驶改成靠左行驶的国家。虽然萨摩亚是一个小国家，总人口 18 万左右，一共也只有 2 万辆汽车，但这也显示出美国的汽车工业不再独霸全球了。

有个更有趣的例子：冲绳岛原来属于日本，车辆靠左行驶，可是第二次世界大战之后被美军占领，在 1945 年改为靠右行驶，后来冲绳岛归还日本后，按照我前面讲述的联合国全球交通协议，又改回日本的交通规则，车辆靠左行驶。

依照车辆靠左或靠右行驶的不同，交通规则也会相应改变。

在车辆靠右行驶的地区的交通规则是：

1. 在公路上车辆靠右边的内线行驶，超车时走左边的外线；

2. 对面来的车辆，从左边迎面而来；

3. 车辆在十字路口左转时，会和对面而来的车辆行驶路线交叉，因此，车辆左转时，必须在十字路口依照信号灯的指示，或者停下来看清楚有没有从对面来的车辆，反过来右转时，因为不会和对面来车行驶路线交叉，所以，在有些十字路口，红灯时可以右转；

4. 在交通圆环上，车辆依逆时针方向行驶，因为车辆进入交通圆环之后，靠右行驶；

5. 在公路上，大多数的出口在公路的右边；

6. 行人在十字路口过马路时，应该先往左看，因为车辆从行人的左边过来。

在车辆靠左行驶的地区的交通规则是：

1. 在公路上车辆靠左边的内线行驶，超车时走右边的外线；

2. 对面来的车辆，从右边迎面而来；

3. 车辆在十字路口右转时，会和对面而来的车辆行驶路线交叉，因此必须在十字路口依照信号灯的指示，反过来红灯时则可以左转；

4. 在交通圆环上，车辆按顺时针方向行驶，因为车辆进入交通圆环之后，靠左行驶；

5. 在公路上，大多数的出口在公路的左边；

6. 行人在十字路口过马路时，应该先往右看，因为车辆从行人的右边过来。

到过日本、英国等地旅行的读者，相信都有过马路时看错边的经验，在中国，我们都习惯了过马路时往左看，到了日本、欧洲某些地区，若习惯没改过来，那会是件非常危险的事。

■ 对偶是一种观念

你一定会发现，上述两组交通规则的架构是完全一样的，只是把左和右互换，顺时针和逆时针互换，靠右行驶的交通规则就变成靠左行驶的交通规则了，这在数学、物理和日常生活里，我们称之为"对偶原则（Principle of Duality）"。

如果我们按照两个概念，写出一套正确的公式或者规则，只要在公式或规则里将这两个概念互换，我们得到的还是一套正确的公式或规则，那么这两个概念就叫作对偶的概念，在前面的例子里，左和右就是一组对偶的概念。

在电机工程里，电流和电压、电感和电容、串联和并联都是对偶的概念；在计算机科学的逻辑设计里，"boolean AND"和"boolean OR"是对偶的概念；在物理学里，电场和磁场、光波和光粒子也都是对偶的概念。

还有个有趣的例子，在清朝李汝珍写的小说《镜花缘》里，唐敖、林之洋和多九公三人在海外旅行，到了一个叫作"君子国"的地方，在那里他们听到珠宝店里顾客和老板的对话，顾客说："这条项链真好看！我要买来送给我老婆。"老板说："这条项链的钻石和手工都有一些瑕疵，您得小心看清楚。"顾客说："这些怎能算是瑕疵呢？这本来就是一件很好的首饰，您开价多少呢？"老板说："通常要卖二万元，不过，您是今天的第一位主顾，就算一万五好了。"顾客说："一万五太少了吧？您还得靠做生意过日子呀！二万元吧！"老板说："一万五就足够了，既然您坚持，一万六吧！"顾客说："一万六，我回去要被老婆骂我欺负生意人，一万八，您卖不卖？不卖就算了。"唐敖他们三人听了觉得好奇怪，通常自己去买东西，都要讨价还价，老板会说货色好极了，漫天开价，顾客会说货色太差，落地还钱，一来一往，老板减一点，客人加一点，最后才成交。可是，在君子国里，老板很客气地说东西不好，不该卖那么多钱，客人则说东西真好，您不要吃亏，只收那么少的钱，老板以低价卖出，客人反而要以高价买入，这就是君子礼让的本色。

其实，昂贵和便宜、瑕疵和完美、吃亏和占便宜，都是可以互换的对偶概念。把我们平常谈生意、做买卖的方式和规矩里这些对偶的概念互换，得到的就是在君子国里谈生意、做买卖的方式和规矩。

不过，虽然在观念上、交通规则上，车辆靠右行驶改为靠左行驶是非常简单的，但是执行起来却有种种必须小心处理的问题。

首先，任何一个改革都会引起反对的声音，萨摩亚的改变虽然经过两年多的酝酿，但是好几个政党和社团都提出了抗议，还想经由法律的程序阻止这个决定的执行，甚至到了最后一刻，18万人口中有三分之二的人签名反对，有 18,000 多人游行抗议，破坏为了改变行驶方向而树立的新交通标志。瑞典在 1955 年提出改变车辆行驶方向的公投，有 83% 的选民反对；到了 1963 年，才正式交由议会核定，将车辆行驶方向由靠左改成靠右，接着成立专责的执行委员会，经过 4 年的准备和宣传教育的工作，到了 1967 年 9 月 3 日才正式执行。

当然，改变全国车辆行驶的方向必须付出实质上的费用和代价，公路上的标志都必须从路的一边搬移到另一边，街道上的交通信号灯也必须搬移和改变，公共汽车因为只有一边供乘客上下车，因此必须购买新的车辆或改装新的上下车门。附带一提，靠右行驶车辆的车头灯，右前方的光线会照得比较远、高度比较高，而左前方的光线会照得比较近、高度比较低，这样一方面可以清楚地看到自己前面的路，另一方面不会让左边开过来的车辆被车头灯的光线影响，因此，改变车辆行驶的方向也得调整车辆的车头灯。还有，卖汽车的商人则抱怨，在改变车辆行驶方向执行之前的一段时间，生意萧条了许多。

萨摩亚选择在 2009 年 9 月 7 日星期一早上 6 点钟实施行驶方向的改变，并且将 9 月 7 日和 9 月 8 日定为公众假期，以减少上路车辆的数目；实施之后的 3 天之内，规定降低车辆行驶的速度；禁止酒精饮料的发售；红十字会发动献血运动，为交通意外做好准备；教堂集会祷告为交通安全祈求平安……真可以说是如临大敌，后来这个改变总算在有惊无险的情形下完成了。

■ 历史上的左右

1998 年，考古学家在一个古罗马采石场里发现进出的车辆压出来的车辙，靠左侧的车辙比较深，靠右侧的车辙比较浅，因为出来的车子载满了石头，比较重，所以，可以推论古罗马车子是靠左行驶的。

《礼记·王制》里说："道路，男子由右，妇人由左，车从中央。"不过，男女分行、人车分道，也许只是为了秩序和礼仪，并没有安全或者方便的考虑。西方中古世纪的骑士骑着马靠路的左边走，这样他可以用左手拉住马缰，把右手伸出来和迎面而来的朋友握手，或者拔出剑来攻击迎面而来的敌人，当然这个说法是依据大多数人都是惯用右手的前提而来的；而因为骑士用右手拔剑，所以剑都挂在身体的左边，因此骑士要从马的左边上马，然后就自然地靠左走，据说这就是英国车辆靠左行驶的来源。

18 世纪，法国和美国的马车都是由一对或者几对马并列拉着车往前走，马车夫坐在最后一对左边的马上面，这样他可以用右手挥动马鞭，而因为他坐在左边，马车靠右走就可以让他看清楚迎面而来的马车，据说这是美国车辆靠右行驶的来源。

前面讲到对偶原则时曾说过，车辆靠右行驶和靠左行驶的交通规则是对称可互换的，靠右和靠左的选择并没有分别，但是从历史上的发展来看，其中又多了一个因素，那就是有 85% 至 90% 的人惯用右手，右手对机械的操作比较灵活，因此也影响了靠右和靠左的选择。

另外有个没有得到完全验证的说法：男人的衬衫扣子在右边，女人的衬衫扣子在左边；扣子在右边，是因为用右手扣起来比较方便，但是有钱的贵妇穿衣服时不用自己动手，有侍女帮她扣扣子，因此扣子在左边，对站在贵妇面前的侍女而言，比较方便使用右手来扣扣子。至于裤子的拉链，男人的裤子拉链的开口方向，对用右手的人比较方便；女人的裤子拉链的开口方向，对用左手的人比较方便。不过，现在也有许多裤子拉链的开口方向已经没有男女的分别了。

推而广之，穿双襟的外套时，男人外套的左襟盖在右襟的上面，女人外套的右襟盖在左襟的上面。在中国古代，单襟长袍的衣襟都开在右边，只有塞外异族的衣襟开在左边，孔子在《论语·宪问》里说："微管仲，吾其披发左衽矣。"左衽就是穿左边开襟的衣服，意思是：没有管仲，我们都要变成披头散发、穿左边开襟衣服的野蛮人了。

■ 你的左撇子指数是多少？

在日常生活里，拿笔写字、拿筷子吃饭、刷牙、打伞、挂拐杖，绝大多数的人都用右手，包括在棒球、网球、高尔夫球场上，投球、接球、挥杆，大多数人以右手为主、左手为辅。这些人都是所谓右撇子（righties），反其道而行的人就叫作左撇子（lefties）。

人的身体有两只眼睛、两只耳朵、两只手、两只脚，还有两个肺、两个肾脏，在生理结构和功能上是对称的，而且在大多数的情形下，两只眼睛、两只耳朵、两个肺和肾脏，都是在没有分工、不能选择的情形下，并行发挥它们的功能。手和脚可就不同了，在进化的历史里，约 600 万年以前，人类的祖先已经开始从用四肢来支撑身体和走路，演进到用双脚来支撑身体和走路。很自然地，双手的使用也随之演进，特别是工具的使用，更被考古学家认为是智力发展的象征。人类最早使用石制或者动物骨头制的工具，大约是 250 万年以前，从此双手和双脚的使用不再是并行一致的，有许多动作都只使用一只脚或者一只手，大多数人在大多数的情形下，用右脚还是左脚，用左手还是右手，都是固定习惯的选择。

那么怎样的人算是右撇子？怎么样的人算是左撇子呢？一个能够被大家接受的定义是，右撇子对需要用一只手做的事，例如写字、提包包、丢棒球，会用右手去做，对需要用两只手做的事，例如打开瓶盖、打高尔夫球，会以右手为主、左手为辅；反之，就是左撇子。

不过，从事神经生理学研究的科学家也想出不同的方法来做更精准的分类。科学家提出 10 种不同的动作，如写字、画画、拿剪刀、拿汤匙、刷牙、开罐头等，在这些动作中，有多少种用右手来做？有多少种用左手来做？又有多少种不一定专用右手或左手来做？这样得出来的百分比就叫作偏侧商数（laterality quotient），偏侧商数越大，就表示这个人越集中使用某一只手。

但是，又有科学家认为，比较常用某一只手，并不一定等于这只手比较灵活。他们提出一个测试，在一块木板上钻一排 30 个小洞，被测试的人用一只手将 30 根小木棒一一插入洞里，再将 30

个金属小环——套在小木棒上，比较用右手和用左手来完成这些动作的时间，也就是测试左右手灵活度。大概 1,000 人中，有 1 到 2 个人左右手灵活度是一样的。

站在科学研究的角度来说，这些比较量化的结果也许可以帮助我们分析不同的人机械动作的技巧和心理、神经反应的差异。不管我们的定义精准到什么程度，一般的说法是 85% 到 90% 的人是右撇子，10% 到 15% 的人是左撇子。因为左撇子是少数，所以在文化、语言、生活上，他们都会受到有意或无意的歧视。

■ 左与右的文化内涵

在中文里，"右"和"左"这两个字在金文里都是会意字，"彐"字就像右手的形状，大拇指在右边伸出来，加上"口"字成为右字；"𠂇"字就像左手的形状，大拇指在左边伸出来，加上"工"字成为左字。不过，演变成楷书后，不同的左右手形状都变成了一横一撇。中国自古以来就有以右为尊的说法，就是右边比较尊贵、比较崇高，左边比较卑微、比较低下。

《礼记·王制》里说，在路上，男人靠右走，妇人靠左走，正是男尊女卑的意思。而且，多数人使用右手比较方便，使用左手比较不方便，因此有"右"代表有帮助的能力，"左"代表没有帮助的能力之说法，所谓："人有左右，右便，而左不便，故以所助者为右，不助者为左。"又因为多数人都用右手，所以左也变成含有偏激、与众不同、违反常规的意思。在闽南语里，右的发音是"正"的意思，而左的发音是"倒"的意思，也就是右是正常，左是颠倒、不正常的意思。遇见歧路，右边的路是正道，左边的路不是正道，所以"旁门"就是大门旁边的偏门，"左道"则代表不正派的想法和做法；"意见相左"就是意见不同的意思；"到访相左"就是造访却没有遇见；做官的人"左迁"就是被罢黜贬官的意思。

在基督教的《圣经》里，有许多地方都用右边代表恩典荣耀和得救，用右手代表能力。《马太福音》第 25 章里说，当耶稣和众天使降临时，耶稣坐在他的宝座上，把聚在宝座前面的万民分成两边，他对在右边的人说："你们是蒙我的赐福的，来吧！进入已经为你们准备好的国度里。"他对在左边的人说："你们这些被诅咒的人，离开我，到那已经为魔鬼准备好的永远燃烧的火里去吧！"《出埃及记》第 15 章第 6 节写着："耶和华啊，你的右手施展能力，显示荣耀。"

在英文里，"right"这个词不但是右边的意思，也是正确的、权力和公平的意思。"dexter"这个词，英文是灵活的意思，在拉丁文是右撇子的意思；相反的，"left"这个词，是左边的意思，也有缺陷、剩余和愚蠢的意思，在拉丁文是左撇子的意思，在许多欧洲语言里也有相似的意思。跟左撇子有关的词语也多有贬义：左撇子的智慧（left-handed wisdom），就是有缺陷的推论；左撇子的太太（left-handed wife），就是没有名分的婚外情妇；左撇子的赞美（left-handed compliment），就是表面上是赞美，事实上却是侮辱。

在此说个题外话，在棒球里，左撇子的投手叫作"南方的爪子"（southpaw），这个名词的由来是这样的：在大多数棒球场里，本垒是面对东方的，因为这样一来在下午或晚上比赛时，打击手才不会因为被太阳照射而刺眼，因此投手面向着西方，如果投手是左撇子的话，他的左手会指向南方，因而被称为南方的爪子。

■ 左右脑的分工合作

从生理学、神经心理学甚至社会学的角度来看，为什么有些人是右撇子？有些人是左撇子？为什么右撇子的人数远比左撇子多？这是一连串重要而且有趣的研究问题。

先从大脑讲起，我们的大脑分成两个部分：右脑和左脑，里面有上亿、上兆个神经细胞，有着各自的功能，但是，它们不是完全独立的，在右脑和左脑之间有差不多两兆条脑神经纤维胼胝体（corpus callosum）把左右脑连接起来，让两者之间可以互相交换信息。

远在公元前 400 多年，被认为是西方医学之父的希腊医师希波克拉底（Hippocrates）就已经知道了大脑是控制身体感官、情绪、动作和知识的器官。随着脑神经科学的发展，脑神经科学家对大脑的分工有了更深入的了解，发现不同的功能——如视觉、听觉、触觉、语言、计算、动作等，是由左右脑不同的部位负责的。一般认为，左脑负责逻辑，右脑负责感情；左脑注重细节，右脑只管全貌；左脑依赖事实，右脑凭借想象；左脑集中在过去和现在，右脑集中在现在和未来；左脑处理科学和数学的问题，右脑处理哲学和宗教的问题；左脑现实而稳健，右脑冒险和冲动。不过，这些分工的说法是模糊且过分简化的，譬如我们会粗略地说，语言的功能由左脑负责，但文法和词汇的处理虽是左脑的功能，声调高低、抑扬顿挫的处理却是右脑的功能。与此相似的，精准的数字计算和比较是左脑的功能，粗略的数字计算和估计则是右脑的功能，其他更有许多工作是由左脑和右脑共同处理的。

另一个重要观察是，人体右边的肢体动作，是由左脑的运动皮质（motor cortex）控制的，左边的肢体动作则是由右脑的运动皮质控制的。换句话说，我们若用右手写字，是由左脑送到右手肌肉的信号控制的；反过来，我们若用左手开车，是由右脑送到左手肌肉的信号控制的。这就说明了左脑中风的病人右边的肢体瘫痪，右脑中风的人则左边的肢体瘫痪的原因。至于为何我们的身体和大脑会有左右对侧的交叉连接呢？这个问题目前还没有答案。那么这个现象和使用右手或左手的偏侧有没有关联呢？让我们看看下面这个重要的例子。

断定大脑的哪一部分控制哪一种动作，是脑神经科学里重要而且充满挑战性的工作。19 世纪法国的布罗卡（Paul Broca）在距今约 150 年以前的发现是一个重要的里程碑，在此以前，脑神经学家都把大脑的功能认定为大脑整体的反应，布罗卡却发现在左脑左前额附近的一个区域是控制语言的中枢。布罗卡有一位癫痫症患者，从 30 多岁开始右边肢体便逐渐失去行动的能力，视力和智力也逐渐衰退，不过，奇怪的是他能够听得懂语言，甚至可以借助符号来和别人沟通，但是却没有办法说话。布罗卡检查他的喉头肌肉和声带，都找不出什么毛病，也没有其他瘫痪的症状，但是他只会发出"tan"这个声音。在布罗卡为他检查的几天后，他去世了，在检验遗体时，布罗卡发现他的左前脑有一块严重的内伤。

在当时，肢体动作功能的衰退、瘫痪，和肢体与大脑左右对侧交叉连接的现象，已经受到医学界的注意，但布罗卡把这位病人的症状整合起来，推论出语言能力和大脑某一个区域有关联。布罗卡知道这个观察的历史意义，他没有继续解剖这位病人的大脑，而是把它放在防腐的酒精里保存了起来。150 年后的今天，这个大脑还存放在巴黎的一座医学博物馆里，因为这位病人只会发出"tan"的声音，大家便把这个大脑叫作"tan 的大脑"，他的真名反而没有太多人知道。

在巴黎这座医学博物馆里，还有另一个也是布罗卡的病人的大脑，他因为摔了一跤而失去了语言能力，只能够讲几个字，两周后就过世了。布罗卡检验他的遗体时，发现他的大脑左边与前一位病人的相同部位一样有严重的内伤。

有这两个病人的病历加上其他证据的支持，布罗卡提出了左脑有处理语言功能的观点，特别是左脑有某一个区域负责语言的发音，在脑外科医学里，这个区域就叫作"布罗卡区域"。一开始，布罗卡区域被认为是负责语言发音的区域，后来逐渐发现，它跟了解语言的内涵和跟语言有关的手势动作都有相当程度的关系。

布罗卡的推论有两个主要的观点：第一，大脑不该再被看成一个整体全功能的器官，许多大脑的功能集中在大脑的某一个区域；第二，右脑和左脑虽然看起来差不多，但是它们的功用是不同的。

不过，有少数观察到的例子和原来布罗卡的两个病例并不相符，有些病人左脑受了伤，可是语言能力却没有受到损害，有些病人右脑受了伤而语言能力却受到损害，目前合理的解释是，多数人语言功能偏侧在左脑，少数人语言功能偏侧在右脑。

这令人联想起左撇子和右撇子的问题：是不是右撇子的语言功能集中在左脑，而左撇子的语言功能集中在右脑呢？这个"想当然耳"的推论后来被证明是错的，99%的右撇子，语言的功能偏侧在左脑，70%的左撇子也是如此；换句话说，就语言的功能而言，右撇子和左撇子是大致相同的，这个研究的方向似乎没有为右撇子、左撇子的问题找到一个答案。

关于左右脑功能，几年前在美国有个流传很广的英文笑话。当时的美国总统布什给大家的印象是：他是个脑袋不太灵光的牛仔。据说有一天，他头疼得很厉害，去找一位脑科医生检查，检查之后，医生告诉他："总统先生，每个人的脑都分成两个部分——左脑跟右脑。（Mr. President, Everybody's brain has two parts, the left part and the right part.）您的右脑已经没东西了。（You have nothing left in the right.）而您的左脑没有一样东西是对的。（You have nothing right in the left.）"实在是太妙了！

■ 左撇子容易精神分裂？

前面讲过，脑神经科学家有两个重要的观察：一是人体右边肢体的动作由左脑控制，左边肢体的动作由右脑控制；二是左脑和右脑分工合作，个别的功能是不完全相同的，譬如：大多数的人由左脑负责语言的功能，少数的人由右脑负责语言的功能。这两个观察马上让科学家联想到，使用左右手的选择是否和左右脑不对称的分工有密切的关联？到目前为止，科学家并没有足够的证据具体地把这个关联建立起来。但我们不禁要问：除了大脑之外，有什么其他的可能，是决定惯用手的先天生理因素呢？

最基本的是从基因的角度出发，如果我们可以清清楚楚地找到一个右撇子基因和一个左撇子基因，那不就真相大白了。但是真相可没有那么简单，即使到了今天，我们对人类基因已经有了许多分析资料，但是基因彼此之间的互动，及其所导致的生理现象仍是极端复杂，远在今天科学家的掌握之外。

不过，在 1972 年有一位科学家安奈特（Marian Annett）提出了一个"右移理论（Right Shift Theory）"，她用这个理论解释了左脑和右脑功能的分工，和惯用手不对称的选择。她用一个简单的例子解释这个理论的基本概念：想象我们掷一粒骰子，骰子上面刻的点数是 1、2、3、4、5、6，如果掷出来的结果小于或等于 3 就是左，大于 3 则是右，换句话说，1、2、3 就是左，4、5、6 就是右，那么左和右的概率就各是 50% 了。但是，如果我们把骰子改变一下，把它上面刻的点数都加上 2，也就是变成 3、4、5、6、7、8，如果掷出来的结果是 3，就是左，如果掷出来的结果是 4、5、6、7、8，就是右，那么左和右的概率就变成 1 比 5 了，这就是"右移理论"的基本概念。

在这个理论里，有一个基因叫作"右移基因"，如果一个人有这个右移基因，而且它是在活跃状态，那么他很可能是右撇子；如果一个人没有这个右移基因，或者有这个右移基因但是它处在休眠状态中，那么他很可能是左撇子。右移基因就像是有骰子上面的点数加上 2 的相似效果，把原来左右各 50% 的对称分布，改变为大幅度地倾向右侧的分布。

右移理论解释了某些实际观察到的结果：1. 右撇子和左撇子的比例大约是九比一；2. 虽然有些人是极端的左撇子或者右撇子，但是多数人都是左右手并用，只不过较常用右手的程度有所不同；3. 同卵双胞胎虽然有完全相同的基因，但是，事实上有 10% 到 20% 的同卵双胞胎，惯用手的选择是不同的，这可以用他们的右移基因活跃和休眠的状态不同来解释。不过，右移理论只是一个理论的模型，到底右移基因存不存在，还是一个没有答案的问题。

可是在 2007 年，对右移理论持相反意见的科学家发现了一个基因叫作"LRRTM1"，这个基因跟一个人是左撇子和有精神分裂症（schizophrenia）的倾向都有若干的关联。

另外一个理论是母体里的男性激素睾固酮（testosterone）较多，会引起胎儿大脑组织的变化，可能的后果是增加使用左手的倾向、免疫系统失调和学习障碍。不过，这个理论已经逐渐不受到科学家的支持。

　　还有一组科学家观察到，15 周大的胎儿在母亲身体里，有 90% 会吸吮右拇指，只有 10% 会吸吮左拇指；10 周大的胎儿还不会吸吮拇指，但是会移动他们的手，观察的结果是多数胎儿倾向移动他们的右手。在另外一个观察里，他们又发现在母体内吸吮右拇指的胎儿，成长到 10 至 12 岁时，百分之百都是右撇子；在母体内吸吮左拇指的胎儿，成长到 10 至 12 岁时，有三分之二是左撇子，三分之一是右撇子。

　　这些观察又引起一些有趣的问题：是胎儿在母体内肢体的运动影响了大脑组织的发育呢？还是大脑组织的发育影响了胎儿的肢体运动呢？除了这些理论和观察之外，还有许多其他不同的说法。也许有人会问，使用右手和左手的选择，似乎是个无关重要的小节，为什么科学家要花那么多的时间和精力去探讨这个问题呢？我相信大家都已经体会到，左脑和右脑功能的不对称，其来龙去脉和前因后果是一个非常重要也是非常有趣的大问题。而使用左手和右手的选择和大脑左右的分工，应该是有所关联的，这个关联代表着手和脑之间的互动，是科学上有意义的课题。

　　我们在前面讲到惯用手的选择，可能的生理因素包括：左右脑不对称的分工、基因、甚至胎儿在母体内发育的过程，那么惯用手的选择是不是遗传呢？按照统计数据，父母亲都是右撇子的话，有 9.5% 的机会生下左撇子的小孩；父母亲之中有一位左撇子的话，有 19.5% 的机会生下左撇子的小孩；父母亲都是左撇子的话，有 26.1% 的机会生下左撇子的小孩。历史上有些家族，成员里的左撇子特别多，例如：现在的英国王室，女王伊丽莎白二世、儿子查尔斯亲王、孙子威廉王子都是左撇子；15 世纪苏格兰的一个克尔家族（Kerr），也是以左撇子成员特别多而闻名。不过，这也只说明了惯用手的选择，有一部分是先天的遗传，有一部分是后天环境影响的观点，因为一个生长在父母亲都是左撇子家庭的小孩，自然会受到父母亲生活上的动作和习惯的影响。

■ 左撇子的故事

古时候武士们打仗，右撇子的武士用右手拿剑，左手拿盾牌保护身体，左撇子的武士用左手拿剑，右手拿盾牌保护身体。但是因为心脏的位置在身体的左边，左撇子被刺中心脏死亡的机会比较大，所以，有左撇子基因的武士多半死在战场上，右撇子的基因得以经由遗传延续，因此今天右撇子就远比左撇子多。当然这只能当作一个笑话来看待。事实上，两个人挥剑对打也好，在网球场上、乒乓桌上、棒球场上比赛也好，因为用左手拿剑、球拍和球棒的人比较少，对方摸不清楚门路，左撇子反而会占上风。

有两位先后获得世界排名第一的网球员康诺斯（Jimmy Connors）和马克安诺（John McEnroe）都是左撇子。美国棒球史最伟大的球员之一鲁斯（Babe Ruth）是左投左打，他714支全垒打的纪录，到了近年才被打破，更了不起的是，鲁斯原来是投手出身，也被列为美国棒球史上最伟大的10位左撇子投手之一。

《旧约圣经·士师记》第20章第12节里记载，在便雅悯人（Benjamin）与以色列人（Israel）的战争中，基比亚人（Gibeah）选出了700名精兵帮助便雅悯人，这700人都是惯用左手的，他们能够用机弦甩石打人，毫发不差。

武侠小说家古龙的《风云第一刀》（也叫作《多情剑客无情剑》）里，荆无命自己说过："我11岁练剑，15岁就已经使得一手快剑了，可是我又花了7年时间练左手剑，目的就是有朝一日遇到一个真正的对手时，我的左手剑就可以派上用场，发挥作用了。"金庸的《射雕英雄传》里的老顽童周伯通，关在桃花岛上15年，用自己的右手和左手打架，练出双手互搏的武功，很明显，周伯通就是1,000人里只有1到2个在学理上称作"双手灵巧（ambidextrous）"的人。

因为左撇子的人数目毕竟很少，所以在生活里常会遇到被忽视的不便，甚至被歧视的不公。剪刀、菜刀、计算机的鼠标都是为右撇子设计的，开罐头的刀和拔瓶塞的起子都是做成顺时针方向旋转，这对右撇子很自然，对左撇子却很不方便；横向自左而右写字时，用右手写，是拿着笔来拉，用左手写，得拿着笔来推，圆珠笔和钢笔的笔尖容易拉，却不容易推；教室里，桌椅相连的课桌椅，桌子都放在右边；吃饭时，一个左手拿筷子的人和一个右手拿筷子的人并坐在一起会起冲突，只有在方桌上，左手拿筷子的人可以坐在角落的位置。不过，现在可以买到许多专为左撇子设计的工具和用品，除了剪刀、钢笔外，专供左撇子用的吉他也有了。

看手相时，左右手也大有分别。手相学是从一个人手掌和手指的形状、手掌高低、凹凸和掌纹来判断一个人的健康、性格、命运、事业和感情的状况，这些我都不懂，更不会为大家说明。不过，与惯用手相关的问题是：看手相时是要看右手还是左手呢？比较古老的看法是男左女右，比较近代的看法是两只手都看，左手反映了先天，右手反映了后天；左手反映了遗传，右手反映了自我的努力；左手反映了潜力，右手反映了成就；左手反映了内在的性格和思路，右手反映了外在的表现和经验。手相学也有不同的宗派和学说，其中一种说法是不分左右手，只分活动和不活动的手，而且两只手必须和谐，必要时更要"接手"，也就是原来是右撇子，却把自己改造成左撇子，原来是左撇子，却把自己改造成右撇子。这是不是真的能改变命运呢？的确很难断言。

PART 3

金钱的逻辑

神奇的定律

　　大家都知道，科学的研究有理论和实验两个相辅相成的层面，理论是一个模型，加上数学的公式，可以用来描述物理、化学或者生物学里的真实现象；实验则是经由观察这些真实现象，获得数据来验证理论上的模型。科学上有很多例子是先有理论，然后再从实验里得到验证的数据。譬如：爱因斯坦在 1916 年提出的广义相对论里指出，光线会被重力扭曲，但是一直等到 3 年之后，1919 年 5 月 29 日，非洲和南美洲出现日全食，英国的阿瑟·爱丁顿（Arthur Eddington）在当天观测了日全食，发现太阳附近的星星位置确实会产生视觉上的偏差，这才证明了爱因斯坦的推论。

　　另外一个例子是欧洲在 2008 年完工的大型强子对撞机（Large Hadron Collider，简称 LHC），这个对撞机的建置，前后长达 20 年，总预算高达 80 亿美元，主要目的就是验证在理论上预测的基本粒子之存在。

反过来说，科学上有更多例子是先从实验里观察到现象和神奇的定律数据，再回过头来建立理论的模型和数学公式，地心引力、电磁波和潮汐的涨退都是大家熟悉的例子。

但是，我这里要讲的是第三种情形。在经济学、社会学、语言学等领域里，我们常常观察到许多现象和数据，更可以从这些现象和数据中归纳出一些规则和方程式，但是这些规则和方程式却没有一个理论的模型作为基础，这就是所谓的"经验法则"，也就是俗话说的"知其然，不知其所以然"。

■ 80/20 法则

19 世纪的意大利经济学家帕雷多（Vilfredo Pareto），提出了现在被大家叫作"帕雷多法则"或者"80/20 法则"的经验法则。帕雷多研究当时意大利人民财富的分配时，发现大部分的财富分配在少数人的身上，比较精准的说法是，他发现全意大利 80% 的财富，集中分配在 20% 的人身上。后来，他对其他国家公布的财富数据做了相同统计，发现这个 80/20 法则是相当准确的。按照联合国 1989 年的统计，全世界最富有的 20% 人口的生产总值是全世界的 82.7%，他们在自己国内的储蓄总额占全世界的 80.6%，他们在自己国内的投资总额占全世界的 80.5%。

我们只知道这个 80/20 的分配法则，却没有一个模型或者方程式可以用来解释怎么推导出 80/20 这个结果。后来，美国的管理大师朱兰（Joseph Juran）沿用帕雷多的理论，提出在管理学上的 80/20 法则，也就是 80% 的结果来自 20% 的力量。譬如说：在一个企业里，80% 的成果来自 20% 精英员工的贡献；上班时，20% 的时间用来做 80% 需要做的事情，剩下来的 80% 的时间就花在无关紧要的事情上了；生产线，80% 的错误来自 20% 的工作点。不过，渐渐地"80/20 法则"也被滥用，失去了数值上的精准性。

换句话，在精神上"80/20 法则"就是英文里常说的一句话："攸关生死的少数几个人，无关大局的那一大伙人。（The vital few, the trivial many.）"但在数据上，是不是真的由 20% 的人担负了 80% 的攸关生死的责任，那就不容易验证了。知名经济学家克鲁曼（Paul Krugman）曾经幽默地说过："在财富的分配上，'80/20 法则'只不过让我们宽心一点而已，说不定 80% 的财富不是集中在 20% 的人身上，而是集中在 1% 的人身上。"近年来，财富的集中可能比 80/20 的比例还要糟。反过来说，老板要奖励一些表现比较好的员工，警惕一些表现比较差的员工，他也可以摇着"80/20 法则"的大旗说："你看，他是属于那 20% 的关键人

才，你可是要被列入那剩下来的 80% 的冗员里。"当然"80/20
法则"不只是一个统计上的数据而已，它对经济和管理决策也可
以有相当的助力。譬如说：如果在一家公司的 100 个销售员里，
80% 的业绩来自最优秀的 20 个超级销售员，那么公司得好好酬
报这些超级销售员，但是，如果在 100 个销售员里，80% 的业绩
来自 40 个表现还算不错的销售员，那么他们的去留就不见得那
么有关键性影响了。

■ 本福特定律

另一个差不多在 100 年以前由物理学家本福特（Frank
Benford）发现的定律，叫作"本福特定律（Benford's Law）"。这
个定律说，假设找出 1,000 个人，请每一个人随手写下一个四位
数，这些四位数的第一位数字可能是 1，也可能是 2，是 3……
是 8，是 9，这其中会有多少个是 1？多少个是 2？……多少个是
8？多少个是 9 呢？一个直觉的答案是——应该是相当平均的分
布吧！九分之一是 1，九分之一是 2……九分之一是 9 吧！因为这
1,000 个四位数是完全随机选出来的。但是，当本福特分析许多从
真实生活里搜集得来而不是随机选出来的数据时，例如：不同河
流的长度、不同城市的人口、不同股票的股价，他发现在许多数
据里，第一位数字的分布并不是均匀的。

　　他还提出一个公式，用来计算第一位数字的分布。按照他的公式计算出来的结果：第一位数字是 1 的概率是 30%，是 2 的概率是 17%，是 3 的概率是 12%，一路递减，是 8 的概率只有 5%，是 9 的概率只有 4.6%；换句话说，在这些数据里，大约三分之一数据的第一位数是 1；大约三分之一数据的第一位数是 2 或 3；大约三分之一数据的第一位数是 4、5、6、7、8 或 9。当我们看第二、第三或第四位数字的时候，它们从 0、1、2、3……到 8、9 的分布倒是相当平均，每个数字出现的概率都大约是十分之一。我相信很多人的第一个反应是：这听起来有点奇怪、不可思议，甚至和直觉相违背，而且，这个公式有什么科学上的依据呢？

　　但本福特定律经过反复验证，很多数据都是相当正确的。有个例子可以验证本福特定律。在半导体制作这个行业里，大家都听过英特尔公司鼎鼎大名的摩尔（Gordon Moore）在几十年以前所做的一个预言。他说半导体制作技术会不断进步，在一个芯片上面的组件数目，每隔 18 个月就会增加一倍。换句话说，如果目前一个芯片上面可以有 100 万个组件，那么 18 个月之后，一个芯片上面可以有 200 万个组件，再过 18 个月，一个芯片上面可以有 400 万个组件。从 100 万个组件开始，按月记载组件数目的数据，开头的 18 个月从 100 万到 100 多万，一共有 18 个数据，它们的第一位数字都是 1；接下来的 18 个月，从 200 万到 200 多万、从

300 万到 300 多万，一共有 18 个数据，它们的第一位数字是 2 或者 3；接下来的 18 个月，从 400 万到 500 万、600 万、700 万，一共有 18 个数据，它们的第一位数字是 4，或者 5，或者 6，或者 7；再接下来的 18 个月，从 800 万到 1600 万，一共有 18 个数据，它们的第一位数字是 8，或者是 9，或者是 1，在这一连串的数据里，第一位数字是 1 的数据的确是远比别的数据要多。

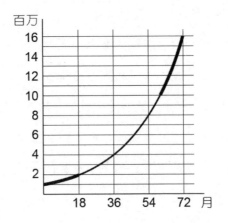

再用另一个例子来验证本福特定律：假设我们有 100 元存在银行里，每年利息 10%，按复利计算，如果我们把 25 年内每年存款的数据列出来，我们可以看到从 100 元到 200 元要花 7 年多的时间，所以有 7 个数据的第一位数字都是 1；但是，从 500 元到 600 元只要花 2 年的时间，所以只有 2 个数据的第一位数字是 5；从 900 元到 1,000 元只要 1 年多一点的时间，所以只有 1 个数据的第一位数字是 9，这又验证了本福特定律。有人或许会说，存在

银行里的 100 元是美金，换成台币约是 3,000 元，如果从 3,000 元开始，把 25 年内每年银行里存款的数据列出来，在这些数据里，是不是第一位数字是 3 的数据最多呢？不是，还是第一位数字是 1 的数据最多，为什么？这其中有一个严谨的数学证明，就不在这里讲了，不过，如果把原来的数据乘上 30，因为 $4 \times 30 = 120$，$5 \times 30 = 150$，$6 \times 30 = 180$，聪明的读者应该可以推想到答案。

本福特定律除了是一个有趣的统计结果之外，也有它可以应用的地方。伪造的数据往往不符合本福特定律，很容易就会被揪出来。假设我们把许多张支票的面额写下来，空头支票款项的数目第一位数字往往会是 7、8 或者 9，很少是 1 或者 2，正好和本福特定律所述的相反。推而广之，一个大公司的会计财务部门，会用相似甚至更复杂的技术来分析支出和收入的款项，找出错误和弊端，从而得到有用的信息。我曾听说有一家大公司因此发现了上千笔怪异的报销款，每笔都是 300 元整，原来那是每个员工印名片的费用，管理阶层发现了这个情形后，就改变了印名片的程序，让每个部门集体来印，这比让每个员工单独去印来得有效率。

■ 齐夫定律

接下来，我要讲一个源自语言学的定律"齐夫定律（Zipf's

Law）"。美国哈佛大学的语言学家齐夫（George K. Zipf）教授，在 1949 年研究语言结构的时候，做了一个很简单的统计，在一个有 100 万个词的语料库里，他数了每一个词出现的次数，结果发现了"the"这个词是最常用的词，出现了近 7 万次，也就是出现频率为 7%；"of"这个词排第 2，出现 36,000 多次，也就是出现频率为 3.6%；"and"这个词排第 3，出现 28,000 多次，也就是出现频率为 2.8%（7% 的三分之一为 2.1%，而不是 2.8%，下图依理想数据绘制，而非依实际统计数据），这样一路由多到少排列下来，他发现了一个有趣的规则，以排第 1 的"the"出现次数为基准，排第 2 的"of"出现次数是基准的一半，排第 3 的"and"出现次数是基准的三分之一，推而广之，排第 10 的词出现次数是基准的十分之一，排第 50 的词出现次数是基准的五十分之一等。

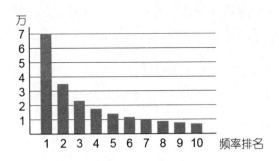

齐夫因此提出一个定律：在任何一个语料库里，把所有的词按照出现次数由多到少排列下来，那么排名为 k 那个词出现的次数是排名第 1 那个词出现次数的 k 分之一。这是个很有趣的经验

法则，经过多次的验证结果都相当准确，但是却没有一个好的理论上的解释。从齐夫定律我们可以得到很多有趣的结果，譬如说：从排名第 1 到排名第 5 的那 5 个词总共出现的次数，大约等于从排名第 6 到排名第 55 的那 50 词字总共出现的次数，因为：$1+\dfrac{1}{2}+\dfrac{1}{3}+\dfrac{1}{4}+\dfrac{1}{5}\approx\dfrac{1}{6}+\dfrac{1}{7}+\dfrac{1}{8}\cdots\cdots+\dfrac{1}{55}$。排名第 101 到排名第 250 的那 150 个字总共出现的次数也刚好等于排名第 1 那一个字出现的次数。

　　除了英文，语言学家也用西班牙文、爱尔兰文、拉丁文等的语料库来验证齐夫定律的准确性。至于中文呢？用单字出现的次数来排列，结果和齐夫定律的预测是有相当差异的，不过用两个字的词或者三个字的词的出现次数来排列，结果就和齐夫定律相当吻合了。其实这倒是可以理解的，因为在中文里，一个单字往往可以和许多不同的单字配合成为两个字，例如："中"字可以用在"中间""中国""中等""中毒""命中""适中"，等等。

　　不过，更有趣的是齐夫定律的应用不只是限于语言学而已。有人把美国的城市按人口数排列起来，纽约市排第一，人口是830 万，洛杉矶排第二，人口是 380 万，大约是纽约市的二分之一，芝加哥排第三，人口是 230 万，大约是纽约市的三分之一，休斯敦排第四，人口是 220 万，大约是纽约市的四分之一，圣何塞排第十，人口是 93 万，大约是纽约市的十分之一，西雅图排第二十四，人口是 59 万，也大约是纽约市的二十四分之一，不过再下去，就渐渐和齐夫定律有点差异了。

过去 100 年来，在不同的地域、不同的社会环境、不同的人口移动状态之下，城市人口的数据和齐夫定律还是相当吻合的。此外，在网络上的网站按照被点击的次数排列、研究论文按照被引用的次数（例如：知名的 SCI）排列、公司的大小按照员工的数目排列或者按照股票市场的总值排列，有很多例子都符合齐夫定律所讲的结果，为什么是这样呢？也没有人能够提出令人满意的解释。

齐夫定律还有很多有趣的推广和变化，譬如说：一个城市加油站的数目似乎应该和人口成正比，人口减半，加油站的数目也应该减半，但是按照美国的统计数字来看并非如此，而是人口减半，加油站数目的减少不到一半。换句话说，在大城市里，加油站比较有效率，平均一个加油站可以服务比较多的顾客。如果我们把所有城市的加油站总数由多到少排列起来，排名第二的不是排名第一的二分之一，而是比二分之一要多，排名第三的不是排名第一的三分之一，而是比三分之一要多。齐夫定律的进阶变化就是：排名在 k 的数字是排名第一的数字的 k 平方分之一或者三次方分之一，但也可以是 1.5 次方分之一、0.9 次方分之一。在加油站这个例子里，如果我们用排在 k 的数字是排在第一的数字的 k

的 0.77 方分之一来算的话，结果就相当吻合了。因此，排名在第二的是排名第一的 2 的 0.77 次方分之一，也就是 1.7 分之一，比二分之一要大；排名在第三的是排列第一的 3 的 0.77 次方分之一，也就是 2.33 分之一，比三分之一要大。至于 0.77 这个数字怎么来的，那是实验找出来的结果，也没有什么理论依据。

以上是一些数据分析的例子，既有趣也有用，但又不完全讲得出为什么，这就是数字逻辑神奇的地方。

理论也会长尾巴

■ 长尾巴与 80/20 法则

有一本在 2006 年出版的书，叫作 *The Long Tail*，直接翻译就是"长的尾巴"。书中把统计数据的分布里，重要的、显著的、中心的部分叫作"分布的头（Head Distribution）"，次要的、不显著的、边缘的部分叫作"分布的尾巴（Tail Distribution）"。譬如说：我们调查每个人的收入和年龄的关系，当我们把调查的结果按照年龄分布整理出来时，20 岁到 50 岁人的收入，是统计分布的核心部分，也就是"分布的头"，70 岁到 100 岁人的收入，是统计分布的边缘部分，也就是"分布的尾巴"；假如我们想从这些数据估计个人或者全体的平均消费能力的话，"分布的尾巴"

的影响是不大的。在大多数的情形下，尤其是站在经济、管理、工程、医学的角度，"分布的尾巴"是可以忽略的。但是，这本书的作者克里斯·安德森（Chris Anderson）指出，当"分布的尾巴"很长的时候，就不能轻易忽略它。为什么长尾现象会发生呢？这跟近年来运输、通信、计算机、互联网的发展有密切的关系。

在讲长尾分布之前，必须先讲，多年以来大家都相信、也常常应用的一个原则，叫作"80/20 法则"。"80/20 法则"和长尾分布差不多是背道而驰的，因为"80/20 法则"可以解释为重视"分布的头"，忽视"分布的尾巴"。关于"80/20 法则"的研究与应用，可以参看本书"神奇的定律"一章。

让我解释一下，"80/20 法则"里的 80 是结果的百分比，20 是力量和资源的百分比，这两个数字是没有关联的，80+20=100 只不过图个说明上的方便，所以刻意提出"80/30 法则"也是适合的，也就是 80% 的成果，来自 30% 的力量和资源，至于 80+30 不等于 100，则是无关紧要的。

"80/20 法则"是相当有用的原则，尤其是应用在消费零售业上时非常有效，特别是音乐 CD、电影 DVD、书本。我们经常可在报纸杂志里看见热门的音乐 CD、电影 DVD 和畅销书的排行榜，周杰伦、蔡依林的 CD、丹·布朗（Dan Brown）、李家同教授的书总是在排行榜中高占鳌头。多年以来，数据也验证了"80/20 法则"，就是总收入中的 80% 是来自最畅销的 20% 的 CD、DVD 和书籍，其他 80% 的产品对营收起不了什么作用。但由于运输、通信、计算机、互联网等技术的发展，在很多消费零售行业里，"80/20 法则"就不见得是对的了，取而代之的，就是下面要讲的"长尾分布（Long Tail Distribution）"。

■ 长尾经济中的消费者

以一家让消费者从网络下载音乐的公司为例，假如该公司网站上有 200 万首歌，客户可以通过网络付费下载任何一首歌。若检视该公司网站 2005 年其中一个月内 200 万首歌下载的记录，正如我们预期，最热门的歌下载的次数非常多，高达 20 万次，然后这个数目就迅速下降，到排第 500 名的歌下载次数大约有 10 万次，到了排第 5,000 名的歌时大约只有几千次了，排第 2 万名的歌只有 1,000 次。你或许会认为之后的名次就微不足道了，这不正是"80/20 法则"告诉我们的吗？可是，当我们继续看下去时会发现，排第 10 万名的歌还有 100 次左右的下载次数，排第 50 万名的歌还有 10 次下载，排第 100 万名的歌还有几次下载。光是从排第 10 万名到排第 100 万名的这些歌里，下载次数虽然每首都微不足道，从 100 次到几次不等，但是加起来却有 1,600 万次，占整个网站每个月下载次数的 15%，这就是"长尾分布"的一个例子。

　　"长尾分布"带来的是一个不同的经济模式，我们不能够光看分布的头，而忽视分布的尾。中国有句老话叫"顾头不顾尾"，表示做事不够仔细周到。《红楼梦》第六回里，刘姥姥教训她的女婿狗儿时，就骂他说："你皆因年小时候，托着老子娘的福，吃喝惯了，如今所以有了钱就顾头不顾尾，没了钱就瞎生气。"没想到，2006 年在美国的克里斯·安德森也提醒了我们不能顾头不顾尾。

　　"长尾分布"的经济模式下，最重要的特色是消费者对一个商品从传统少数、大家公认最热门的选择，变成更多样化的选择。前面讲过，某公司网站上有 200 万首歌，苹果的 iTunes 则有 350 万首歌。假如去全世界最大的店面，例如沃尔玛（WalMart）超市，也顶多只有 1 万张 CD 而已，普通的店面平均则只有一两千张 CD 吧。

　　你要买书吗？亚马逊（Amazon.com）网站大概有 370 万本不同的书，而美国的大书店，像 Borders 跟 Barnes & Nobel 大概有 10 万本不同的书；至于一度号称全亚洲最大的诚品书店，其在台北市信义区的旗舰店，也大概只有 30 万本不同的书而已。

　　你想看电影吗？可以从网站 NetFile 下载的电影有 5,000 部，一般出租 DVD 的店，像百视达（Blockbuster）大概只有 3,000 部。那么用传统的方式去电影院看电影呢？别说台北、香港，即使纽约、巴黎，整个城市每天大概也只有几十部，顶多100部不同的电影上映而已。

你想外出度假吗？网络上提供了更多不同的目的地：南极、美国、地中海；不同的旅馆：从七颗星的旅馆到提供住宿加早餐的民宿；更有自由行、机票加酒店、连观光和购物都统统包好的行程。

你要买毛衣、球鞋或T恤衫吗？网络上从最大的购物中心到菜市场的路边摊，从名牌精品到廉价的外销退货，应有尽有，甚至还可以设计你自己的T恤衫。

你要买泡面吗？网络卖场里不同的牌子让你看得眼花缭乱；你要买一盒台中的名产太阳饼吗？网络上的商店数量多过整条自由路上的太阳饼店。

但在"长尾分布"的经济模式之下，吸引消费者的原因，除了有了更多样化的选择外，还有两个重要的因素：

1.非常方便、非常容易做选择。很多人都在网络下载过音乐，按照歌名、歌手的名字、年代、特色，一下子就可以找到自己要的歌，几分钟就下载好了。有次我在美国度假，想找一本10年前出版的英文书，我用书名和作者的名字通过Google搜索，在搜索结果的第一页找到5家书店的名字，第一家的网站说没有货，第二家的网站说有，我下了订单，用信用卡付了钱，3天后我就带着书回中国了。

2. 价格低。以前要花 15 美元买一张有十几首歌的 CD，现在通过 iTunes，0.99 美元就可以下载一首歌了；年轻的朋友每隔半年换一部手机，手机的价格不算便宜，但也的确不算贵；过年的时候，短信满天飞，1 元钱便可以发送出 100 则短信，也就是一则 1 毛钱而已。

总结来说，在"长尾分布"的经济模式之下，站在消费者的立场，产品的选择要非常多、购物要很方便、价格还要很便宜。那么站在供应者的立场，要怎么样才能达到这些目的呢？

■ 长尾经济中的供应者

谈完"长尾分布"中的消费者，那么在"长尾分布"的经济模式之下，供应者的功能是什么呢？

1. 最原始且最基本的制造（manufacturing）：把产品制造出来；

2. 运输传递（transportation & delivery）：把产品送到消费者手里；

3. 通路（channel）：把制造者和消费者连接起来，也就是中间商的功能；

4. 过滤（filtering）：当产品的选择很多很多时，特别是在"长尾分布"的经济模式中，中间商必须帮消费者过滤很多可能的选择。

在工业革命以前，经济、社会、文化的模式都是地区性的，经济模式以农业为主，因为交通不便，社会是相当封闭的，因此社会制度也倾向集权、独裁，文化则限于当地的方言、民谣以及其他本土艺术形式的发展。但是，18 世纪的工业革命是经济、社会、文化模式改变的重要开端。而近 50 年来，信息和通信工业的发展更带动了经济、社会、文化模式新一轮的发展。

首先，在制造这个领域，随着蒸汽机的发明，用机器的力量代替人力，工业制造成为经济的主力；同时，因化学和材料工程的发展，人工的材料取代了自然的材料，而且纸和印刷术的发明、留声机和照相机的发明，也都是智能和艺术产品的制造工具。小时候读过"锄禾日当午，汗滴禾下土，谁知盘中餐，粒粒皆辛苦"这首诗，在古老的农业经济社会里，能够吃饱肚子就是一件不简单的事。

20 世纪 50 年代，女性穿的尼龙袜叫作玻璃丝袜，既像玻璃又像丝，昂贵又不耐穿；40 年前，在美国威廉波特举行少年棒球比赛时，左邻右里同在仅有的一部黑白电视机前为小球员们加油；出外旅行时，总舍不得多拍几张照片，因为胶卷贵，冲洗的价钱又不便宜。到了今天，随着科学和技术的发展，可以制造出性能、质量都更好又更便宜的产品，最明显的例子就是集成电路芯片（IC chips）和使用这些芯片的微电子产品，包括计算机、手机、照相机、录像机，等等。40 多年前，我花了 1,300 美元买了一部刚上市的 SONY Beta Max 录像带播放器，今天 50 美元就可以买到一部 DVD 播放器。

　　其次，制造的过程从单打独斗、单枪匹马，演变成大规模的分工，一个非常重要的改变是产业供应链的出现。一件衣服，从设计到棉花的种植和标准化采购，到纺织成布料，到染色、剪裁、缝纫，再到钉上扣子和拉链，到包装、报关出口，都可以在不同的地点、不同的工厂逐步完成。另外一个非常成功的例子，就是集体创作的观念，维基百科全书（Wikipedia）可以说是目前最重要、最有用的百科全书，它是一套任何人都可以参与创作、也可以免费使用的百科全书。

　　再者，制造工具的发展也大大提升了制造的能力。以前要印刷出版一本书，要拍摄一部电影，都是一件大事，现在有了打印机、数码相机，编辑修改文字、图片、动画的计算机软件，每个人都可以很容易地印刷一本书和拍摄一部电影了。这就是在"长尾分布"经济模式中制造功能的改变。

　　谈完了供应者的制造功能，接着谈谈供应者在运输、传递、交通方面的功能。多年来，牛、马、铁路、轮船、汽车、飞机，都缩短了人和人、物和物之间的距离。唐朝时，因为杨贵妃喜欢吃荔枝，唐玄宗派人骑着快马，把广东的荔枝送到长安来，所以杜牧的诗里有"一骑红尘妃子笑，无人知是荔枝来"的句子。60多年前，我从香港坐船到台湾念大学，坐了三天两夜的船，我也晕船晕了三天两夜；当时从台南坐火车到台北要 12 个小时，下了车，脸上鼻子里都是煤灰。

在运输交通上面，随着科技的进步，硬件上有喷射飞机、高速火车、货柜的发明和使用；在软件上有物流系统观念的发展，最重要的是计算机网络的出现，书本、报纸、杂志、音乐、图片、影片等都可以经由网络传递，既迅速又可靠，让商品可以很方便、很快速地送到消费者手中。

还有供应者的通路功能，也就是把制造者的产品和消费者连接起来，从沿街叫卖蔬菜、水果、馄饨、贡丸的小贩，到杂货店、大规模的超市、百货公司，这些都是通路。在 1897 年，美国希尔斯·罗巴克（Sears Roebuck）公司开始推动邮购，那时他们的购物目录有 786 页，有 20 万种不同的商品，光是茶就有 67 种选择，咖啡有 38 种选择，香料有几百种选择，通过铁路，把商品送到美国中西部偏僻遥远的农家里。今天，我们在书籍上有亚马逊，在音乐上我们有 iTunes、Rhapsody，还有差不多任何商品都有卖的亿贝（eBay），这些都是在"长尾分布"经济模式中的重要通路。

最后是供应者的过滤功能，也就是怎样帮助消费者在众多的商品中做选择。过滤又分成"前段的过滤（pre-filtering）"，就是产品到达消费市场前的过滤，和"后段的过滤（post-filtering）"，就是产品到达消费市场后的过滤。在过去，过滤的功能多半是集中的，甚至是独裁的，今天过滤的功能则倾向分散的、民主的。

让我先谈谈前段的过滤。在过去，因为印刷成本很高，一本书能不能够被出版，完全由出版商来决定；因为电影院的档期有限，一部电影能不能够上映，受档期总数所控制；在超级市场里，一个产品有多少柜架的空间，能不能够被放在最显眼的柜架上，由超级市场来决定；百货公司在报纸上登广告时，什么商品能够得到最大的版面，由百货公司来决定。今天，出版一本书、拍一部电影的成本大大降低了；一个出版商不出版，还有很多别的出版商可选择，甚至可以得到较大的利润；要卖 CD、DVD 和书，不再受到店里空间的限制；要播放电影，不再受电影院档期的限制。这些都大大降低了前段过滤的压力和门槛，换句话说，能够出现在消费市场让消费者选择的商品大大增加了。

再谈谈后段的过滤。从前，一篇书评或影评会大大影响一本书、一部电影的成功或失败；能够登上前 10 名的排行榜，会大大影响一张 CD、一本书的销量。今天，每个消费者都有充分的空间和机会发表他的意见，博客（Blog）也好，亚马逊的读者意见也好，大家交流意见，做正反面的讨论，不再是几个专家的一言堂。在亚马逊上面，你不光可以找到前 10 名、100 名的畅销书排名，还可以找到排名第 100 万名的书。

举例来说：我在 40 多年前出版的一本书，在亚马逊上排第 1,257,248 名，有 9 本书卖出，价格自 18.14 美元起跳；我在 20 多年前出版了一本相当专业的研究专著，排第 1,501,957 名，新书卖 153 美元，旧书卖 0.99 美元。所以，过滤的功能也大大帮助了消费者进行选择。

这就是在"长尾分布"经济模式之下，供应者制造、运输传递、通路、过滤的四个功能。

■ 新经济模式

"长尾分布"带来了经济上一些新的观念和想法。多年来，经济学开宗明义的一个观念就是，经济学是研究"稀少（scarcity）"的科学，因为资本、人力、资源的不足，所以我们必须做选择、做分配。

"长尾分布现象"告诉我们，经济学也得研究"充裕（abundance）"，当你可以下载 350 万首歌里的任何一首，而下载一首歌是那么容易、费用是那么低的时候，你的消费行为会不会大不相同？传统的经济学是集权、独裁的，大公司、大企业产品主宰决定了你的消费行为，"长尾分布现象"带来的是一股民主浪潮，许多决定可以由消费者个人或者由集体来决定。传统的经济学是一视同仁，就像买一件衣服，一种尺码全体适用（one size fits all），顶多只有大码、中码、小码的差别，"长尾分布"则带来为每个人量身定做（tailor-made）衣服的可能。

传统经济学只注意少数几个热门的项目（hits），"长尾分布"

则注意个人的特色和爱好（niches）。传统经济是区域性的（local），

"长尾分布"则是全球性的（global）。"长尾分布"的确是一种

新经济模式。

诱因和压力的平衡

　　我曾看了一本书，书名是 *Freakonomics*，这个书名是作者想出来的文字游戏，把 Freak（怪异反常）这个词和 Economics（经济）这个词组合起来，成为 Freakonomics。这本书的主题是：有许多事情看起来是很明显的，但它的背后却有意想不到的来源、解释和后果；有许多事情表面上是没有关联的，但它们的背后却有密切的相互影响。作者特别用经济学上的工具，包括抽样统计等来确认他的结论。这本书的中文版命名为《苹果橘子经济学》，是说一个水果的外表像苹果，但是当你把外皮剥开之后，里面却是橘子。我把我从这本书里学到的东西，跟大家分享一下。

■ 迟到的家长

有一个托管班，小朋友每天待到下午 6 点，再由家长来接回家，但是每天总会有几位家长迟到，害得老师必须在那里等到家长把小朋友都接回家了，才能够下班。托管班老师请教一位经济学家，寻求改善的办法。经济学家说，那还不简单，迟到的家长就罚款，譬如说：托管班的费用是每月 1 万元，家长每迟到一次就罚 100 元。托管班在实施这个办法前，很小心地做了几个礼拜的观察，统计一下平均每天有几位家长会迟到，没想到当托管班执行罚款办法后，迟到家长的人数不但没有减少，反而增加了一倍。后来，托管班在执行这个办法 4 个月后决定取消罚款，可是迟到家长的人数没有因此而减少，也没有恢复到原来的人数，还是维持实施罚款办法以后的人数。

这个小故事可以用来阐释一个大家都熟知的大原则，当我们要选择做或者不做，或者怎样去做一件事的时候，通常有三种不同的诱因和压力：经济、社会、道德。什么是经济的诱因和压力？以托管班的例子来说，就是迟到的家长每次得损失 100 元；此外，在公路上超速的罚款可以高达 24,000 元；念书成绩好可以拿奖学金；工作表现好可以得到分红等也都属于同样的诱因。什么是社会的诱因和压力？以托管班的例子来说，常常迟到的家长，在别的家长眼中是一个不负责任的人，甚至可能是亏待孩子的人，所以迟到的家长就有一种罪恶感；此外，如果办公室里别人都捐款赈灾，便形成了一股压力，使得不慷慨的人也得解囊；你在公交车上坐得好好的，一位老先生上了车，正好站在你面前，当然得站起来让座，否则整车的人都会瞪着你，等等，也都是社会的诱因和压力。至于道德的诱因和压力，以托管班的例子来说，即使没有罚款，即使别的家长不知道你常常迟到，老是耽搁了老师下班的时间，但良心上实在过不去；此外，下了班之后，很想偷偷翻一下同事放在桌上的私人记事本；散布明知是不真实的谣言，中伤别人，等等，都是被认为不道德的行为。

■ 无法量化的诱因和压力

经济、社会和道德这三种诱因和压力是相对的，也是相互影响的。回到托管班的例子来看，为什么实行了迟到要罚款的办法后，迟到的家长反而增加了呢？因为许多人会觉得这个办法让他们可以用钱来消除罪恶感，经济的诱因可以取代社会和道德的诱因。献血是大家公认的好事，但是它的诱因是别人的认同和赞美呢，还是良心的驱策呢？有人做过统计，当红十字会决定给每一位献血人一份小小酬金的时候，来献血的人反而减少了，对此合理的解释是，这份小小的酬金减少了社会和道德的诱因。这也解释了为什么托管班取消迟到罚款的办法后，迟到的家长人数并没有减少，也没有回到原来的人数，就是因为 4 个月下来，家长忘记了、或者减少了迟到的罪恶感，已经习以为常了。

很重要的一点是，经济的诱因和压力通常是可以量化的，它带来的奖励和惩罚也往往可以量化。例如：过了 6 点才到达托管班，就是迟到；销售的人寿保险总额比去年增加 20%，就是优秀的业绩（相对的罚款和奖金，也能有明确数目的规定）。但是，经济的诱因和压力也是可以调整的。以托管班的例子来说，如果迟到的罚款从 100 元增加到 1,000 元甚至 2,000 元，迟到家长的人数会减少吗？会减少到什么程度呢？会不会促使一些家长决定离开这个托管班呢？如果献血的报酬相当可观，那么献血的人数会不会增加呢？本来自动献血的人会不会继续来呢？更复杂的是，本来不献血的人，有多少人是为了经济的诱因而献血呢？献血的人的职业、年纪、教育背景的分布，会有什么改变呢？献血会不会从一个公益道德行为变成一个商业行为呢？历史上一个著名的例子是美国的独立革命，正如托马斯·杰斐逊（Thomas Jefferson）所说的："两分钱的茶叶税导致了天大的改变。"

社会公义和社会上的共同意见，与个人道德与良心的诱因和压力，这两个因素却往往是相对的、不容易量化的；共同的意见和规范往往随着时空而改变：上一代的年轻人牵了女朋友的手去看电影，会引人侧目；今天的年轻人在街头拥抱热吻，没有人会去理他们。至于个人的道德，可以说是每人心中有自己的一把尺，有相似也有大不相同的地方。

■ 诱因和压力的平衡点

当我们做出选择和决定的时候，有时候会极端地以其中一种因素作为指引，有时候会在三种因素中找出平衡点。第一个极端是，只要在法律上找不到漏洞，社会大众的意见和声音可以不听不管，更不要谈自己的良心了。第二个极端是，只要赢得选票，只要商品能够得到市场的认同，法律和道德都可以放在一旁。第三个极端是，抱着"岂能尽如人意，但求无愧我心"的态度，我行我素。

有位朋友跟我讲了一个故事：有一天，她把皮包遗留在公交车上，第二天，一位当小贩的老先生按照皮包里身份证的地址，把皮包给她送回来，她清点了一下，证件、信用卡都完好无缺，老先生问，皮包里的 3,000 元现款是不是可以送给他？我的朋友同意了，整个小故事就圆满结束了。我们可以把这个故事分析一下：拾遗不报，在原则上是违法的；假如老先生只要那 3,000 元现款，他可以把现款留下来，把皮包丢在水沟里，但是他可能会担心失

主重新申请证件和信用卡的麻烦；老先生也可以把皮包送回去，
按照常理，失主会给他一点酬金，但是假如失主比较小气的话，
老先生会不会觉得不甘心？老先生也许想跟失主见面后再决定怎
么做，如果失主的经济情况不好的话，或许他就不会开口要那3,000
元了。站在失主的立场，皮包失而复得，免去了许多麻烦，3,000
元的现金可以看成原本已经失去的东西，而且对她来说也不是不
可承受的损失，何况让一位当小贩的老先生得到一笔小小的意外
之财，何尝不是一件快乐的事？这个小故事点出了一个有趣的平
衡点。

■ 如果你有隐身戒指

古希腊的哲学家柏拉图认为良知和良心是不存在的，一个人
守规矩、做好事，只不过是因为有别人在旁边监督而已。柏拉图
在他写的书《共和国》（*The Republic*）里讲到一个牧羊人裘格斯
（Gyges）的故事：这个牧羊人有一天在山洞里找到一枚戒指，他
发现戴上了这枚戒指之后，别人就看不到他了，他便利用这神奇
的力量，跑到皇宫里，引诱了皇后，谋杀了皇帝，自己当上皇帝了。
柏拉图的观点是，当一个人有了隐形的神力时，他无法抵抗去偷、
去抢、去杀的诱惑。换句话说，良心和道德是社会群体生活之下

的一个产物，当众人监视的力量消失了的时候，良心和道德也不会存在了。柏拉图还说，假如有两个人都有隐形神力的戒指，一个戴了戒指去做坏事，另外一个却不做坏事，不做坏事的那一个人一定会被认为是个傻瓜。在这两个极端的中间，经济学大师亚当·斯密（Adam Smith）认为，人性并不是完全自私的，对别人的同情，体会别人的快乐，都可以说是道德上的感情（moral sentiments），它们会影响我们个人的道德标准和判断。

经济、社会和道德这三种诱因和压力，会带动我们的社会向前进，会帮助每一个人去规范自己的生活和行为。有健全的经济和法律规范的社会，是一个进步的社会；有良好的公共道德规范的社会，是一个文明的社会；有正义、有良心的一个人，是一个有教养的人。这都值得我们正面地去思考，去共同努力。

讨价还价的艺术

■ 什么是拍卖?

在一个分工合作的文明社会里，买卖是因物品和劳力的交换而产生的经济行为。在百货公司和大卖场里，卖方先决定了商品的价格，买方就只有买或者不买的选择；房子、汽车和土地的买卖，买卖双方往往有许多讨价还价的空间，有心满意足的成交，也有不欢而散的局面。而第三种可能，就是我今天要讲的拍卖。

拍卖这种交易行为比较简单，典型的拍卖是卖主有一件商品出售，但是没有定下出售的价钱，因为他担心定得太高没有人买，定得太低又吃亏；同时，有若干个需要或对这个商品感兴趣的买主，在卖主没有确定价钱的情况之下，他们必须提出自己愿意付的价钱，因为商品只有一件，在"价高者得"的原则之下，提出太低的价钱就买不到，提出太高的价钱就等于花了冤枉钱。在买主相互竞争之下，达到有一个买主愿意付出且卖主愿意接受的最终也是最高的价格，这就是拍卖这一交易行为的基本概念。

以下要介绍的是不同的拍卖方式和一些相关的数学概念，不过，让我们先从一些有趣的故事讲起，也借此看看拍卖这个交易行为不同的侧面。

首先，介绍一个大家都很熟悉的概念——招标。招标也叫作"反向的拍卖"，譬如说：有一个买主要买 5,000 台电脑，有若干个卖主都有 5,000 台电脑要出售，在"价低者得"的原则之下，卖主怎样相互竞争，卖得一个双方都愿意接受的价格，这就是招标、竞标的基本概念。很多用在拍卖里的概念和规则，都可以反过来作为招标的概念和规则，下面我就只讨论拍卖而不讨论招标了。

卖主选择以拍卖的方式出售他的商品有几个理由：

1. 他的商品很稀有特殊，甚至可能是独一无二的，因此这个商品没有一个公认的价格，不如经由拍卖的过程来决定，许多艺术品都属于这种例子。

2. 对某些买主而言，买到这个商品可能很重要，而对某些买主来说，买到这个商品的重要性相对比较低，这时卖主可以经由拍卖来获得更好的价钱。例如：在公开市场上购买原油，在某一个时间点，有些国家或地区的需要比较迫切，有些国家或地区的需要并不那样迫切，所以卖主可以经由拍卖的过程，由买主决定他的意愿和必须付出的价格。

3. 不同的买主对价格的判定往往有主观的心理和情绪因素，这些不可理喻、不为外人知的因素是无法猜测的，只有在拍卖的过程中才会呈现出来。

下面让我为大家讲几个近年来有趣的拍卖故事。

■ 十二生肖兽首

2009 年 2 月 25 日，法国巴黎有一场由国际知名的拍卖行佳士得（Christie's） 主持、被称为"世纪之拍"的拍卖会，拍卖 2008 年过世的知名服装设计师伊夫·圣·罗兰（Yves Saint Laurent） 的艺术收藏品，他的设计就是大家都熟悉的品牌 YSL。在他的收藏品里，有从北京圆明园流失到海外的鼠首和兔首铜像，这两个铜像分别从 1,000 万欧元起跳，在不到 5 分钟的时间里，分别以 1,400 万欧元卖给了一位通过电话参与拍卖的匿名买家。

让我从头讲起，1759 年，清朝皇帝乾隆扩建圆明园的时候，修筑了海晏堂，"海晏"是大海风平浪静的意思，取自"河清海晏，国泰民安"这句话。海晏堂前面有一个大水池，是一个报时的水力钟，水池边上由意大利传教士郎士宁设计了十二个喷水的雕像。据说郎士宁原本想沿袭欧洲的风格，设计十二个裸体女性的雕像，但是乾隆皇帝觉得这样不符合中国的传统，谕令郎士宁重新设计。他就设计了十二个兽首人身的雕像，兽首用铜铸，人身用石雕，十二个兽首就是十二生肖，水池的南面是鼠虎龙马猴狗，北面是牛兔蛇羊鸡猪，每到一个时辰，代表这个时辰的生肖像就会喷水，中午的时候十二生肖像则会同时喷水。这十二个兽首用红铜铸成，色泽深沉，经过多年而不锈蚀，而且铸工非常精细，兽首的褶皱和绒毛都清晰逼真。不幸的是，在1860年第二次鸦片战争的时候，英法联军火烧圆明园，这足以称为国宝的十二生肖兽首就流散到海外。

十二兽首里有几个，在20世纪80年代已经在拍卖会上辗转被人收购，不过并未引起太多人的注意。牛首、猴首和虎首在2000年被中国保利集团以100万到200万美元的价格买下来，存放在北京保利艺术博物馆公开展览。2003年，一位"抢救流失海外文物专项基金"的工作人士在美国找到猪首的下落，经过努力争取以100万美元的价格把猪首买下来，现在也放在保利艺术博物馆里。2007年，苏富比公司发布公开拍卖马首铜像的消息，这个消息引起许多反对的声音，因为公开拍卖就有让这个铜像继续流落在海外收藏家手里的风险，经过多方的协商，终于在拍卖会举行之前，由澳门的一位富商以900万美元的价格买下，后捐赠给国家。

2009年鼠首和兔首的出现，引起了更多人的注意，拍卖会前夕，一个由81位中国律师组成的团队向法院提出阻止拍卖的申请，理由是这两个铜像是从中国掠夺的赃物，但是法院没有同意，佳士得引用的理由是伊夫·圣·罗兰是经过合法的手段买到这两个铜像的。拍卖结果正如上面所讲，是由一位匿名的买家，以差不多每个 2,000 万美元的价格把这两个铜像买下来。

这个故事并未就此结束，这位匿名的买家后来现身了，他姓蔡，是住在厦门的一位收藏家，他在得标之后，拒绝付款，就成了变相的流标。但是，事情并没有那么简单，因为拍卖是在法国举行，必须按照法国法律程序判定不付款的理由和买方的法律责任。而且，这位蔡先生这样做也引起不同的反应，有人觉得他这样做是为了阻止国宝的流失，是个英雄；但是，也有人觉得他这样做影响了中国收藏家整体的信誉和形象。甚至有谣言说，有一位在伦敦的收藏家本来就准备以 1,500 万美元的代价把这两个铜像买下来送给中国，蔡先生这一来反而坏了事；也有人说，蔡先生把价钱抬得这么高，以后再要把别的兽首铜像买下来送回中国，更增加额外的难度了。

后来，买下这两件兽首的法国皮诺家族将其捐给了中国国家博物馆。

■ 甘地的遗物

2009 年 3 月，在纽约的一场拍卖会上，有一位美国的收藏家把他多年来收集的印度政治和精神领袖甘地的遗物拿出来拍卖，这些遗物包括一副眼镜（看过甘地照片的人都会记得他挂在鼻子上那副椭圆形铜丝框的眼镜）、一双凉鞋、一个碗、一个碟子和一只怀表。眼镜是甘地送给一位印度军官的，据说这位军官请甘地给他灵感和鼓励的时候，甘地把自己的眼镜送给他，并说这是他的眼睛，让他看到独立自由的印度的远景；那双凉鞋是甘地从孟买到伦敦的时候，送给一位英国军官的；表、碗和碟子是甘地送给他的两位孙侄女的，据说碗和碟子是甘地最后一餐时使用的餐具。

拍卖的底价是两三万美金，拍卖开始后不到两分钟就跳到100万美金，最后由一位印度的富商以180万美金的价钱买下。但是，整个拍卖的事件也充满了争议和变化。首先，印度政府担心这些遗物会流失在海外，甚至印度新德里的法院还下令禁止这个拍卖的进行；有些甘地的家人觉得这个拍卖违背了甘地一生对物质生活极度淡泊的观念，更何况拍卖的得主是一位过着极端豪华生活、与甘地彻底相反的印度富商。就在拍卖开始前，因为这些反对的声浪越来越高，卖主想把拍卖的东西撤回不卖，但是拍卖行的人不同意，他们认为彼此之间的合作关系已经有了法律的约束。于是卖主又跟印度政府说，愿意把这些遗物捐赠给印度政府，但印度政府须以答应大幅增加对穷人的援助为条件，印度政府认为这是对印度内政的干预而拒绝了。到了最后，在印度政府出手资助的谣传之下，这位富商把这些甘地的遗物买下来，并且把它们捐赠给印度政府，这起风波才大致告一段落。

■ 白色黄金

接下来让我讲讲白松露拍卖的故事。松露（truffle）是一种菌类的果实，它的形状一团一团的，像一个一个小马铃薯。它的英文、法文、西班牙文、德文名字都是源自拉丁文 tuber，是一小团的意思。松露完全生长在地底下，可以说是地下版的蘑菇，不过从植物学的角度来看，松露有和蘑菇不同的有趣特点。松露生长在地底下，是为了适应自然环境，避免温度、湿度的极端变化；松露会生长在树的根部，例如橡树和松树，通过树的根部，松露和树交换彼此需要的养分，松露会为树供应水分和养分，因为在许多情形下，松露比树的根更能够有效率地从土壤里吸取水分和养分，但是松露无法进行光合作用，所以要从树根吸收糖分。不像蘑菇是靠风把暴露在表面的孢子散布出去，松露繁殖的孢子是密闭地包起来的，必须靠动物把它吃掉，孢子再经由动物排出来的粪便传播，因此松露会散发强烈的香味，吸引动物把它们从泥土底下挖出来吃掉，这就是为什么可以靠猪或者狗来寻找松露。松露会散发出一种和公猪唾液相似的香味，母猪会被这种香味吸引，把松露找出来，但是用母猪寻找松露有一个大缺点，因为母猪喜欢吃松露，一找到就会把松露吃掉。用狗去找松露必须经过训练，但是狗比较容易控制，不会一把松露找出来就吃掉。

松露之中的极品是意大利北部产的白松露，1 公斤要价 2,000 到 4,000 美元；其次是法国南部产的黑松露，也有 1 公斤数百美元之高，所以白松露被称为"白色黄金"，黑松露则被称为"黑色钻石"，也被音乐家罗西尼（Rossini）称为"蘑菇中的莫扎特"。松露产量不多，全世界的白松露一年产量约 3 吨，黑松露约 50 吨，而体积大的松露自然就更为稀少，价格也更为昂贵。

近年来，每年的 11 月到 12 月间，都有一场通过全球卫星联机在佛罗伦萨、伦敦，以及香港或澳门同时举行的白松露拍卖会。因为东南亚经济的蓬勃发展，这几年得标的往往都是东南亚的富豪，其中最高纪录是 2007 年 1.5 公斤的白松露王，以 33 万美元的价格卖出，平均是 1 克 220 美元。你知道 1 克有多重吗？大概是四分之一张 A4 纸的重量。这些富豪们在得标之后，往往会举行一个慈善宴会，把宴会的收入捐给慈善机构。可以说，在松露拍卖的过程中，满足了好奇、好胜、占有、炫耀和行善的心理。

■ 拍卖的心理

上面讲的都是一些非常有价值的东西在拍卖市场上被拍卖的故事，不过拍卖这个交易行为还有另外一个侧面。现在有许多奇怪的东西会被拿出来拍卖，也有人会买，甚至出意想不到的高价买，尤其是有了网络工具，卖方和买方很容易接触之后。有人把自己身体的某一部分，例如把额头、胸膛、肚皮拍卖做文身广告；有人拍卖自己的名字，改成一个赌场的电邮地址；有人把成为自己婚礼上伴娘的机会拍卖；有人拍卖问他任意5个问题的权利；有人拍卖据说是美国国父乔治·华盛顿的5根头发，卖了17,000美元。美国西雅图市花了大价钱从欧洲进口了一批有自动清洁功能的公共厕所放在路旁，后来发现并不适用，因为它们往往变成吸毒的人躲在里头吸毒的地方，政府居然上网拍卖这些公共厕所，且要价每间89,000美元。有个人拍卖一个吃了一口、摆了10年、发了霉的起司三明治，三明治上面有个看起来好像是圣母玛利亚的图案，结果居然以28,000美元的价钱卖掉了。

我要强调一点，在竞买的过程中，每个人对一件商品都有不同的评估，以决定其价值，每个人的目的都是要买到这件商品而且获利越多越好。至于能不能买到这件商品，买方则有风险的考虑，假如能不能买到都无所谓，例如一幅普通画的拍卖，那么风险的考虑会是零或者很低；假如买不到的后果相当严重，例如粮食、原油的拍卖，风险的考虑可能很高，自然会影响到竞买的策略。风险的考虑是可以量化的，就是把这个考虑加入评估决定的价值里。

虽然在现实的经验里，拍卖是一个热闹、混乱的过程，但是近年来学者与专家也做了很多理论和实验的研究和讨论，这些研究的结果虽不能百分之百反映现实情况，却也可以作为有用的参考和依据。

另外，拍卖的方式可以分为两大类，一类是公开的，竞买的人可以知道别人提出的竞买价钱，另一类是秘密的，竞买的人不知道别人提出的竞买价钱，这就是所谓的"暗标（sealed bid）"。

■ 公开拍卖

公开的拍卖有两种方式，一种方式是价格逐渐往上升，我们笼统地称之为"英国式拍卖"，因这是在英国行之多年的拍卖方式；另一种方式是价格逐渐往下降，我们笼统地称之为"荷兰式拍卖"，因这是在荷兰花市使用的拍卖方式。

英国式拍卖是从底价开始，由拍卖官一步一步地把价格提高，只要有人举手表示愿意付出拍卖官喊出来的价格，拍卖官就会再往上加码，一直到没有人愿意付出加码之后的新价格，拍卖就结束了。拍卖官每一次加码的数字，往往变来变去而不是固定的，有些英国式拍卖还允许买家叫出他愿意付出的加码数字，有时他往上加码一大步，很可能就把很多别的买家吓退。这其中变量很多，很难做出量化的理论分析。

不过，英国式拍卖还有一个比较特殊的模式：每个买家有一个按钮，拍卖官按照一个固定的加码数字把价格逐步提升，如果买家把按钮按住，表示他还在参与竞买，如果他把按钮放开，表示他退出竞买，也就不能够回过头来重新参与竞买，当最后只剩下一个买家把按钮按住时，拍卖就结束，这个叫作"日本按钮的英国式拍卖"。

为什么我要讲这一个似乎是过分刻板的"日本按钮的英国式拍卖"呢？除了这种拍卖方式的确是被某些地方采用之外，还因为在这种拍卖方式里，站在数学的角度来看，买家可以有一个最佳策略。这个最佳策略是一个严谨的数学概念，无论别的买家使用什么策略，我们平均的盈余也将会是最高。前面讲过，买家对一件商品有他自己的评估，并决定其价值，最好的策略就是把手指一直按在按钮上，等到拍卖的价格超过他自己评估决定的价值时，马上退出。然而，如果在到达自己评估决定的价值之前便退出，得标的机会将会减少，但是每次得标都可能多赚到一点，因为付出的价钱可能远低于评估时决定的价值，在这里就不谈其数学证明了。

另外一种公开拍卖的方式就是价格逐渐往下降，称之为"荷兰式拍卖"。在荷兰卖花的市场，卖主会设定一个最高价格，从这个价格开始逐步下降，当价格降到某一点，如果有一个买家大声喊买，他就可以按照这个价格把花买下来。通常这个价格是一朵花的单价，他会告诉卖方他要买多少朵，剩下来的花又可以再提供出来拍卖。这种方式的好处是拍卖可以很快速地进行，因为开始的最高价往往已经是相当接近合理的买价，所以很快就会有买家跳出来喊买。因为植物容易腐烂，果菜花卉市场大多采用荷兰式拍卖。

▊ 暗标拍卖

至于暗标拍卖方式，就是竞买的人把他愿意付的价钱密封交到卖主手里，很明显，在所有参与的买家里出价最高的人理所当然会得标。但是，他应该付什么价钱呢？一种方式是他付自己提出的买价，也就是所有提出的买价中最高的价钱，这种方式叫作"最高价方式"，以直觉来看，这种方式很合理，既然你提出一个买价，那就按照这个买价卖给你。举例来说：如果三个竞买价格分别是 100、110 和 120，那就以 120 的价钱卖给出价 120 的那个买家，这是合理的。

另外一种方式是得标的人只要付次高的价钱，也就是在所有比他低的竞买价中最高的价格，这叫作"次高价方式"。次高价的方式有道理吗？有。所有竞买的价格代表所有人对一个商品价格的估计，如果三个竞买者提出的价格分别是 1,000、120 和 100，当然出价 1,000 的人应该得标，但是要他付出 120 顶多再加上一点，也是合理的。次高价的拍卖也叫作"维克里拍卖方式（Vickrey

Auction）"，首先提出这个观念的人维克里（William Vickrey），因为在这方面的研究工作，于 1996 年获得诺贝尔经济学奖。

我们可以看出来，公开的"日本按钮的英国式拍卖"和暗标的"次高价方式"拍卖是很相像的，因为在这两种方式里，得标的人付的都是次高的竞买价再加一点而已。而且在这两种方式里，最佳的策略就是买家按照自己评估决定的商品价值来竞买。正如上面所说，在日本按钮的英国式拍卖中，买家应该把按钮按住，一直到拍卖的价格等于自己评估决定的价值才退出；暗标次高价的拍卖方式，竞买价就是自己评估决定的价值，两个不同的方式，拍卖的结果是完全一样的。

同样的，公开的"荷兰式拍卖"和暗标的"最高价方式"拍卖的结果也是一样的，都是由提出最高竞买价的人得标，也都付出最高的竞买价。但是在心理上，这两种方式有些不同的地方。公开的"荷兰式拍卖"有其他的竞买者在旁边虎视眈眈的压力，说不定他们会在你正准备好高声喊买的前一刻先行喊买，夺了你的先声，在这种压力之下，参加竞买的人很容易会出错；暗标的最高价式拍卖，竞买的人可以从容地把价钱写下来送到拍卖官的手中，他没有时间压力、也无须顾忌别的竞买者。

针对暗标拍卖的"次高价方式"，还可以再进一步说明：当卖方有好几个同样的商品出售，而每一个买方只想买一个商品的时候，怎样通过暗标拍卖的方式来决定谁得标呢？而且得标的价钱又该怎么决定呢？从一个公平的角度来说，得标的价钱应该是一致的。有个真实的例子：新加坡政府为了管制汽车的总量，每个月只发出有限数目的新牌照，譬如只发 1,000 张，想要买一部新汽车的人，必须先经由拍卖买一张新牌照。他们使用暗标的拍卖方式，竞买价最高的 1,000 个人就可以买到新的牌照，而且他们都同样付这 1,000 人竞买价之中最低的价钱。这也是合理公平的，如果很多人都愿意出高价购买汽车牌照，那么牌照的价钱应该很高；如果只有少数的人愿意出高价，多数的人只愿意出低价，那么牌照的价钱自然应该是较低了。

谷歌（Google）公司的股票上市时，他们也用同样的观念设计了一套出售股票的办法。当一家公司的股票上市时，传统做法是公司先决定一个上市价格，然后把大部分的股票配给证券商，再由证券商分配给他的客户。这种做法有两个缺点：一是股票的价格已经预先决定，不能按照市场的需求来调整；二是小老百姓往往因为不是证券商的大客户而分配不到。若是用次高价的竞买方式，每一个有意愿的买家都要提出竞买价格和要买的股数，譬如说：公司有 100 张股票出售，有人愿意用一张 5 万元买 70 张，5 万元是最高的竞买价，他就买到 70 张；其次有人愿意出一张 4 万元买 20 张，他也买到了；再其次有人愿意出一张 3 万元买 50 张，因为只剩下 10 张股票，他只能买到 10 张，但是这三个人都付一张 3 万元的价钱。虽然谷歌提出了这个合乎公平原则的方式，不过因为其他种种考虑，并没有实际执行。

■ 网络拍卖

电脑网络的发展带来了在网络上拍卖的可能，网络上的拍卖方式应该怎样设计呢？这是一个很有趣的问题。相信大家都听过全世界规模最大的网络拍卖公司亿贝，亿贝的拍卖方式可以说是目前网络拍卖方式的代表，所以也有人把网络上的拍卖方式叫作"加州式拍卖（California Auction）"，以有别于英国式和荷兰式的拍卖。

我们想象在网络上进行一场英国式拍卖，所有参与拍卖的买家都得同时坐在电脑前面，在一个固定时段里一起竞标，这样不但对分布在全世界各地的买家不方便，而且对于不算值钱的廉价商品，许多买家也不愿意花那么多时间守在电脑前面竞标。另外一个做法是用传统的暗标拍卖方式，但是这么做就失去了利用网络公开竞标的功能和刺激，而且也没有充分利用网络让卖主和买主互通消息。

亿贝的做法是这样的：

1. 亿贝采用次高的竞买价再加一点作为得标的价格。

2. 竞标的买家可以不断提高他的竞买价格，正如公开的英国式拍卖一样。

3. 亿贝公布目前所有竞买价中的次高价。

这一点很有趣。举例来说：假如亿贝公布某商品目前所有竞买价格中的次高价是 100 元，但是目前的最高竞买价格是不公布的，那么买家会知道出价在 100 元以下是没有希望的，出价必须在 100 元以上，如果出 120 元能成为最高价，那么出价者也才有机会得标。如此一来，目前的最高价会成为次高价，也就是你要付的价钱。但是 120 元也可能只成为次高价，因为目前的最高价或许比 120 元还更高。让我用一个简单的例子说明在得标价是次高价的原则之下，亿贝是不能够公布目前最高价的。假如有一个商品，它的合理价格是 50 元，这时有一个买家出价 1 元，有一个买家出价 100 元，如果亿贝公布了最高价是 100 元，将没有人会出低于 100 元的价钱，因为不会得标，也没有人会出高于 100 元的价钱，因为会得标，但得标价是 100 元，远超过合理价格，所以只能公布次高价。结果是出价 100 元的人得标，而他只要付 1 元。

4. 拍卖有一个明确结束的时间点。这虽是合理而必要的手段，但在网络拍卖里，这更导致了一个重要的竞买策略，那就是等到拍卖的最后阶段才出手竞标。这样做有两个原因，一是拍卖开始时按兵不动，让竞争的对手以为没有别人有意愿竞标因而松懈下来；二是在最后一刻出手竞标，让竞争的对手来不及回应，这就叫作"狙击（sniping）"。"狙击"这个策略经过实验数据的验证是相当有效的，在网络上狙击和对抗狙击，你来我往、分秒必争，因此有专为狙击而设计的软件出售，帮助买家在最后一刻出手，也在最短的时间内响应对手的狙击。为了应付狙击的竞争，有些拍卖网站加入临时延长拍卖时间的条款，就是在狙击竞争激烈的情形下，延长拍卖结束的时间点，这样一来，许多狙击都变得徒劳无功了。

我讲了几个有趣的有关拍卖的故事，介绍了最基本的几个拍卖方式，也提到在理想化、简单化的情形下竞买的最佳策略。但是，在现实的情形下，还有很多因素我们没有办法量化地分析讨论，譬如说对竞买者的情绪心理因素的考虑，竞标成功和失败在金钱上、情绪上的冲击，很难简单地只用一个经过评估决定的商品价值来衡量，更何况这个价值在竞买的过程中也可能会波动变化，如何从其他竞买者的行为看透他们的策略和心态，更是不容易的事情。站在卖家的立场来看，也有许多不同的策略，譬如说：怎样决定最低的售价；或是把进行中的拍卖取消，等过了一段时间再重新拍卖。至于不法和不道德的行为，不管如何规范，总是会发生的，最明显的是利用人头竞标哄抬价格；也有人会联手围标，先把商品竞买到手后，再关起门来自己人相互竞标。这样一来，就把卖主应该赚得的利润转到自己人的手中了。

PART 4

数字的逻辑

配对与卡位

　　在升学的过程中，学生经由推荐、申请或者经由考试分数排名的方式，决定进哪所学校，同时，学校也决定了收哪些学生。换句话说，不管这个过程是简单也好、复杂也罢，最终目的就是把学生和学校间的关系确定下来。就像男生和女生交往，以电话、邮件互通款曲，周末假日相约出游，最终目的是男婚女嫁、共结连理。

　　公司招进来一批新进人员，按照他们的能力和兴趣以及资源的需要，把新进人员分配到不同的工作岗位上；工厂里的机器按照供需的要求，被分配生产不同的产品。总而言之，学生进学校、男女之间终身大事的安排、人力或机器资源的分配等都是严肃重要的话题，而且这里头往往有许多复杂、微妙的因素。不过，这不是我要讲述的话题。

我想以一个数学家的视角，把这些不同的场景看成一道道定义简单明确的数学题目，做出严谨的数学解答。

■ 分配志愿的方式

让我们用甲乙丙丁代表 4 个学生，ABCD 代表 4 所大学，把 4 个学生分配到 4 所学校，在数学上就被称为"匹配（matching）"的问题。甲乙丙丁也可以代表 4 个男生，ABCD 代表 4 个女生；甲乙丙丁也可以代表 4 台机器，ABCD 代表 4 个产品；甲乙丙丁也可以代表 4 个候选人，ABCD 代表 4 个选区。虽然代表的事物不同，背后的数学概念却都是一样的。

匹配不一定是一对一的匹配，一所学校可以同时收很多但却是固定数目的学生，也就是多对一的匹配。

让我先从一个大家最熟悉也是最简单的例子讲起。中学生考完中考、高中生考完高考后，每个学生都会把自己想要进的学校做个排序，负责匹配的计算机系统就会按照他的志愿和他考试的分数，把他分配到他该进的学校去。这是行之多年的做法，大家也都相信计算机系统的结果是正确公平的。让我解释一下计算机系统工作的基本原理，那么大家就可以更放心了。

首先，计算机系统会一个个地分配所有的学生，但分配的先后次序是不会影响分配结果的。譬如说：第一个学生的第一志愿是台大医学系，计算机系统就先把他分配到台大医学系，让他在那里等。下一个学生的第一志愿也是台大医学系，计算机系统也把他分配到台大医学系，让他在那里等。下一个学生的第一志愿是台湾清大生命科学系，计算机系统就把他分配到台湾清大生命科学系，让他在那里等。这样一路分配下来，许多学生都被分配到第一志愿的学校系所。让我强调，他们只是在那里等而已，等到有个学生的第一志愿是台大医学系，可是当计算机系统把他分配到台大医学系时，发现已经有 100 人在那里等，因为台大医学系的入学名额是 100 人，所以在这 101 位学生里，分数最低的那个学生就被淘汰，进不了台大医学系，但那是公平的，因为有 100 个学生的分数比他高。而这个被台大医学系淘汰的学生就会被分配到他的第二志愿，在此假设是台湾清大生命科学系。

假设台湾清大生命科学系的入学名额是 50 人，如果这时 50 个名额还未满，他就会在那里等；但是，如果这时已经满 50 人，那么在这 51 个学生里，分数最低的一个就会被淘汰，进不了台湾清大生命科学系。不过没关系，计算机系统会把这个被淘汰的学生放到他的下一个志愿，在此假设是台湾阳明大学牙医系。到了阳明大学牙医系，如果名额还未满，他就在那里等，如果已满，那么在所有学生里分数最低的那个就会被分配到他的下一个志愿。这么一讲大家应该都明白了，考试分数最高的就可以稳稳地留在他的第一志愿里，考试分数比较低的，就会从他的第一志愿移到第二志愿，再移到第三志愿。如果最后他被移到最后一个志愿，他也会知道那是公平的，他曾经在他的前面志愿等待过，但是他都被淘汰了，因为每个地方的名额范围内都有比他分数更高的学生。换句话说，没有一个学生会被高分低发，每一个学生都会按照他的成绩，被分配到他能够得到的最高志愿。同时，这个做法对学校也是公平的，每个科系都会按照名额，收到有意愿进这个科系的学生里分数最高的学生。

■ 稳定的婚姻

另外一个表面不相关但实际上一样的问题，叫作"稳定的婚姻"问题。稳定的婚姻是一个严肃重要的社会议题，我们也会用严谨的、精准的数学方式来处理，轻松的语言不过是为了博君一笑而已。这个问题源自戴维·盖尔（David Gale）和洛伊·夏普利（Lloyd Shapley）在 1962 年发表的论文《大学招生及婚姻的稳定性》（*College Admission and the Stability of Marriage*），也可以说是夏普利获得 2012 年诺贝尔经济学奖的主要内容之一。

有四个男生：赵老大、王小二、张三、李四；有四个女生：贵妃、昭君、西施及貂蝉，我们要把他们匹配成四对佳偶。赵老大的首选是西施，其次是貂蝉，再次是贵妃，最后是昭君。但是王小二最希望能够配得上贵妃，其次是西施、昭君，最后是貂蝉。至于张三和李四，他们也有自己喜好的排序，同时，四大美人对这四个男生也有她们自己的评价。经过对财富、学历、人品的评估之后，贵妃把赵老大排在第一，王小二排第二，张三排第三，李四排第四。昭君却按张三、赵老大、王小二、李四的次序排列她的喜好；同样，西施和貂蝉也有她们自己的主张。

我们找来一个媒人（match-maker），把他们匹配成四对。大家都知道媒人在婚姻里扮演了重要的角色，在百老汇音乐剧《屋顶上的小提琴手》里就有这么一首歌："媒人大人，媒人大人，帮我配一个好伴，找一个知心，擒一个俘虏。（Match-maker, Match-maker, make me a match. Find me a find, catch me a catch.）"

但是最能干的媒人也不能保证配对的新人会长相厮守、白头偕老，因此数学家就提出了"稳定的婚姻"这个观念。在这个例子里，假如赵老大配昭君、王小二配贵妃，这两对婚姻会是不稳定的。为什么？因为按照赵老大的排名，贵妃是他的第三选择，而他现在的配对是昭君，是他的第四选择；同时，按照贵妃的排名，赵老大是她的首选，而现在她的配对是王小二，是她的次选。所以，赵老大和贵妃会同时是麻烦制造者，对现在的配对提出离婚的要求。至于昭君和王小二呢？按照我前面告诉大家的排序，王小二把他的太太贵妃排第一，昭君排第三，同时昭君把她的先生赵老大排第二，王小二排第三，因此，他们是不会主动制造麻烦的。但是，赵老大和贵妃就足以让这两对婚姻变得不稳定了。

按照数学家的定义，如果一个男生对另外一个女生的评价比对他自己的太太高，而同时这个女生对这个男生的评价比对他自己的先生高，这两对婚姻就陷入不稳定的状态了。但是，如果一个男生对另外一个女生的评价虽比对他自己的太太高，可是这位女生对他自己的先生评估却比这位男生高时，那么这个男生也是枉费心思，麻烦不会发生，这两对婚姻还是稳定的。

不过，在大家忧心忡忡时，让我赶快告诉大家，数学家已经严谨证明了：n个男生和n个女生，不管每个男生对所有女生的排序是如何，每个女生对所有男生的排序是如何，也一定有办法把他们匹配成对，成为n对稳定的婚姻。换句话说，只要有一位好媒人，麻烦就不会发生了。

■ 结婚需要保证？

让我告诉大家怎么把n个男生和n个女生匹配起来。我用前面的例子来说明，首先，前面例子的完整排序如下：

赵老大、王小二、张三、和李四对贵妃、昭君、西施、貂蝉的排序是：

赵老大是西施、貂蝉、贵妃、昭君，

王小二是贵妃、西施、昭君、貂蝉，

张三是贵妃、西施、昭君、貂蝉，

李四是貂蝉、昭君、西施、贵妃；

同时，贵妃、昭君、西施和貂蝉对赵老大、王小二、张三、李四的排序是：

贵妃是赵老大、王小二、张三、李四，

昭君是张三、赵老大、王小二、李四，

西施是张三、赵老大、王小二、李四，

貂蝉是李四、张三、王小二、赵老大。

一开始，四个男生分别向四个女生求婚，当然每个男生都会向自己的首选求婚，赵老大向西施、王小二向贵妃、张三向贵妃、李四向貂蝉求婚。

贵妃同时有两个男生（王小二和张三）向她求婚，她会如何选择呢？按照她自己的评价，王小二排第二，张三排第三，贵妃就很客气地跟张三说："您不必浪费时间了，赶快回家吧！"同时跟王小二说："您在这里等着吧！"换句话说，张三是没有希望了，王小二呢？不一定，等一下再说。

张三被贵妃拒绝了，伤心之余，赶快退而求其次，向他的第二人选西施求婚。这一来，西施就有两个男生向她求婚了，一个是原来向她求婚的赵老大，一位是现在向她求婚的张三。按照西施自己的评价，赵老大排第二，张三排第一，于是她就婉拒了赵老大，接受了张三。

赵老大当然马上向他的第二人选貂蝉表示爱慕之意，这么一来，貂蝉又有两个男生（李四和赵老大）向她求婚，貂蝉还是喜欢原来向她求婚的李四，就把赵老大拒绝了。

这样一步一步走下去，走到每个女生都只剩一个人向她求婚时，四个男生和四个女生就匹配成对，而且这四对婚姻保证都是稳定的婚姻。

这里有两个问题：

　　第一，为什么按照这个步骤一步一步走下去，迟早会达到每个女生都只有一个男生向她求婚的情形呢？ n 个男生向 n 个女生求婚有很多不同的组合，但是这些组合的总数是有限的，这些组合里有些女生有不止一个男生向她求婚，也有些女生只有一个男生向她求婚，而依这个步骤一步一步走下去，求婚的组合是不会重复的，因为曾经被一个女生拒绝的男生，不会回头再向这个女生求婚，所以，一个一个组合走下去，迟早每个女生都只有一个男生向她求婚的组合就会出现了，这就是匹配的结果。

　　第二，为什么这 n 对婚姻保证是稳定的呢？原因很明显，在前面的例子里，赵老大最终是和贵妃共结良缘，贵妃是赵老大的第三选择，虽然赵老大的第二选择是貂蝉，赵老大也曾经向貂蝉求过婚，但是当时貂蝉把他拒绝了，因为貂蝉已经有比赵老大更好的男生李四向她求婚了。同样赵老大的第一选择是西施，赵老大也曾经向西施求婚，但是西施也已经有比赵老大更好的男生张三向她求婚了。换句话说，按照这个步骤安排出来的婚姻，每位男生都不要有什么不满现实的坏主意了，因为在他心目中比他的配偶更优秀的女生都已经名花有主了。说得更清楚些，在这个步骤里，男生是高开低走，最后和他匹配的女生都是他在稳定的婚姻组合里所能得到的最佳伴侣。

　　让男生向女生求婚，男生都会得到可能的最好结果。那么让女生向男生求婚呢？前面讲述的步骤是由男生向女生求婚，但在今天男女平权的社会里，也可以由女生向男生求婚。女生向男生求婚也可以一步一步走下去，最后到达一组稳定的婚姻，而这组稳定的婚姻和由男生向女生求婚得到的结果可能是不同的，换句话说，稳定的婚姻可能有多于一组的答案。

■ 一对一、一对多

"稳定的婚姻"这个观念，其实源自几十年以前两位数学家的一个想法。他们看到学生选学校、学校也选学生，而每位学生对所有学校有自己心目中的评估排序，每所学校对所有学生也有自己心目中的评估排序。如果一所学校收了一位学生，学生报到后发现他比较喜欢另外一所学校，想要转学，而同时这所学校也愿意接受这位学生转学的申请，这就形成了一个不稳定的状态，就是前面所讲的"不稳定的婚姻"问题，唯一不同的是，一所学校可以收 50 位、100 位学生（一对多），而不是一所学校只能收一位学生而已（一对一）。

这就回到前面讲到的现在高中和大学按照考试的分数来分配学生的问题。我们描述的计算机系统分配学生的步骤，正是后来描述的建立"稳定的婚姻"的步骤。在分配学生时，每位学生按照自己的意愿把各大学的科系排序，而每所大学科系都按照学生考试的成绩把他们排序，因此，计算机系统分配的结果是稳定的，如果一位学生被分配到最后一个志愿，他是没有进前面志愿的可能的。

对数学有兴趣的读者，可以思考一下一个不同的题目：有八个人被分配到宿舍里四间双人房，换句话说每个人会有一个室友，如果他对和其他七人成为室友有一个喜欢厌恶的排序，那么"稳定的房间分配"问题就和"稳定的婚姻"问题非常相似。"不稳定的房间分配"就会引起重新分配的可能，不过，不同的是，在任何排序之下"稳定的婚姻"组合是一定存在的，可是，"稳定的房间分配"组合却并不一定存在。

数学里的"匹配"就是把两组不同的对象做一对一的配对，并用抽象的数学语言来说明。这个抽象的数学观念可以用来描述很多生活和工作里的实际情形：把学生和学校配对是入学分配的问题，把男生和女生配对是婚姻的问题，把工程师和工作配对是人力资源分配的问题等。让我们集中在一对一配对的讨论，当然这其中有许多观念可以推广到多对一或者一对多的配对。

上面我们用四个男生赵老大、王小二、张三、李四跟四个女生贵妃、昭君、西施及貂蝉配对结成夫妻作为例子，在这个例子里，我们假设他们愿意接受媒人的任何安排，不过，因为每个男生对四个女生和每个女生对四个男生喜欢爱慕的程度不同，乱点鸳鸯谱的结果可能会组成几对不稳定的婚姻，数学家不但为"不稳定的婚姻"这个概念下了一个明确的定义，也告诉媒人"稳定的婚姻"配对是一定存在的，只要把数学学好，就很容易把"稳定的婚姻"配对具体地找出来了。

■ 幸福指数怎么算？

让我们做另外一种假设：如果赵老大只愿意考虑贵妃和昭君作为结婚对象，西施则对王小二完全不感兴趣。换句话说，在四个男生和四个女生之间有些配对是不可能的，因此，第一个也是最重要的问题是：在这些限制条件之下，他们是否有可能被配成四对佳偶呢？

假如张三只要貂蝉，李四也只看得上貂蝉，那么他们两个人之中一定有一个找不到老婆。这个可以推广到所有的男生里。如果有一组 n 个男生，他们共同可以接受的女生对象是少于 n 的话，那么这 n 个男生里一定有人找不到对象。在此要补充的是，"共同可以接受"不是每个人都接受，而是最低限度有一个接受。但是反过来，一个有趣而不明显的结果是，如果任何一组 n 个男生，他们共同可以接受的女生对象是 n 或者比 n 多的话，那么每个男生都一定可以和一个他可以接受的女生配对成功。这是在匹配理论里最基本也是最重要的结果，往往被称为"婚姻定理（Marriage Theory）"，有兴趣的读者可以把这个定理的证明找出来。接下来，我们会讲到一些其他结果，都是由这个基础的定理导引出来的。

假设赵老大和贵妃结了婚，他们的幸福指数是 8；而赵老大和昭君结了婚，他们的幸福指数是 6。推而广之，假设我们知道每一对可能的婚姻的幸福指数，那么一个重要的问题就出现了：如何把所有的男生和女生匹配起来，让他们的幸福指数总和最大？当然这个问题也可以导出"为公司制造的利润"指数，我们应该如何把工程师和工作匹配起来，让公司得到最大的利润，这道题目就叫作"加权匹配（weighted matching）"。

讲到婚姻的幸福指数，社会科学家们也好奇一夫多妻和一妻多夫的制度虽然是现今法律不容许的，但是在这些制度之下，幸福指数的总和可不可能增加呢？举例来说：如果赵老大和贵妃的婚姻只是一个 60% 的婚姻，他同时和昭君也维持一个 40% 的婚姻，那么这两个婚姻的幸福指数总和是 8 × 60%+6 × 40%=7.2。但不要忘了，贵妃和赵老大只有一个 60% 的婚姻，她很可能同时和张三维持一个 30%、和李四另维持一个 10% 的婚姻。换句话说，在一夫多妻和一妻多夫的婚姻制度里，每个男生可以有若干个妻子，可是他和这几个妻子的婚姻百分比加起来必须等于百分之百；同样的，每个女生可以有几个先生，可是她和这几个先生的婚姻百

分比加起来也必须等于百分之百。很明显，当决定了这些百分比
之后，我们就可以算出某个一夫多妻、一妻多夫的匹配安排之下
的幸福指数之总和。不过，诸位不必担心，数学家们告诉我们，
这种违反法律的婚姻制度是不会带来最大的幸福的。他们说，在
任何一个一夫多妻、一妻多夫的匹配之下，只要每个先生在他目
前几个配偶里选一位变成百分之百的太太，每个太太在她目前的
几个配偶里选一个变成百分之百的先生，换句话说，就是把一个
现有的一夫多妻、一妻多夫的婚姻安排改变成一夫一妻的安排，
他们的幸福指数总和是会增加的。

因此，一个笼统而动听的结论是：一夫一妻的婚姻匹配胜于
多夫多妻的匹配。有兴趣的读者可以把相关的数学资料找出来，
看看这个结果是怎样证明出来的。

■ 占位置的游戏

大家小时候都玩过一种井字游戏，英文叫作"Tie Tac Toe"，
就是在一个 3×3 的九宫格里，两个人轮流在方格内画一个"○"
或一个"×"，先在一行、一列或一条对角线画上 3 个"○"或 3
个"×"的人就是赢家。反之，如果 9 个格子都填满了，没有 3 个
"○"也没有 3 个"×"同在一条线，双方就打成平手了。大家都

觉得这个游戏相当有趣，但似乎太简单了。

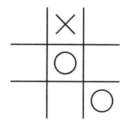

不过，井字游戏可以从 3×3 的九宫格推广到 4×4、5×5……k×k 的方块，也可以从二维推广到三维 3×3×3，到四维 4×4×4×4 的方块去，这么一来，趣味跟难度都大大增加了。

和井字游戏相似的一种游戏是五子棋，也是两个人轮流在方格子里画"○"或者"●"，先画出 5 个相连成一线的"○"或"●"的人就是赢家。

井字游戏和五子棋还有其他相似的游戏，可以被统称为占位置的游戏。占位置的游戏是指两个人在一个固定的空间里轮流占位置，谁先占到某些位置的组合，例如一行、一列或者对角线，谁就是赢家。而在占位置的游戏规则里，一方占下来的位置，对方是没有办法消灭或者抢过去的。

围棋不能算是占位置的游戏，因为一方已占下来的位置可以被对方吃掉。象棋和西洋棋更不是占位置的游戏，因为在象棋和西洋棋里，最终的目的不是位置的占有。

相对来说，占位置的游戏比较简单，也比较容易分析。一般来说，两个人玩一场游戏时，有三个可能的结果：先发的人赢、后发的人赢、双方打成平手。但实际上，在占位置的游戏里却只有两个可能，那就是先发的人有一个稳赢的策略，后发的人有一个肯定可以逼和的策略。换句话说，后发的人是不可能有一个稳赢的策略的。

这如何解释呢？假设真有一个后发的人稳赢的策略，那么先发的人可以闭上眼睛随便走第一步占一个位置，然后再让对方出手，这个时候先发的人把对方看成先发的人，把自己看成后发的人，采用后发稳赢的策略，那他不就是稳赢了吗？请注意，在占位置游戏里，占了一个不太有用的位置顶多只是浪费，而不会带来不好的后果，所以，先发一定不会吃亏。

让我再讲一个简单的占位置游戏，在这个游戏里，先发的人也有一个稳赢的策略。这个游戏的规则是有一张圆桌子，两个人轮流把铜板放在桌上，放铜板的时候不能重叠在已经放在桌上的铜板，第一个找不到地方放铜板的人就是输家。先发的人稳赢的策略是先放一个铜板占据圆心的位置。接下来，不管对方如何放铜板，先发的人只要以圆心为对称中心，放一个铜板在和后发这个铜板相对称的位置上。只要对方找得到地方放下一个铜板，先发的人一定有办法回应。所以，他是稳赢不输的。

■ 先抢不一定先赢

再让我们看看井字游戏，首先，我们只谈二维的游戏，我们从 3×3 推广到 4×4，再到 5×5，一直到 k×k 的方块，从经验法则看来，大家都知道在这个游戏里，先发的人是有稳赢的策略的。

那么你可不可以告诉我，后发的人有肯定逼和的策略吗？有趣的是在 3×3、4×4 的井字游戏里，后发的人肯定可以逼和的策略是比较复杂的，在 5×5 或者更大的井字游戏里，反而可以找到一个简单的后发的人肯定可以逼和的策略。直觉解释是，在比较大的井字游戏里，先发的人需要凑成比较长的一行、一列或者一条对角线，后发的人也就有比较多的机会逼和。

让我描述一个后发逼和的策略：在一个 5×5 的方块里，我要找出 24 个格子，分成 12 对，而且每一行、每一列和每一条对角线都要有一对。如果能够做到，后发的人肯定就有可以逼和的策略了。

策略是如果先发的人在某一个格子里画一个"○"，后发的人就在这个格子成对的格子里画一个"×"，这样反复进行，最后的结果是没有一行、一列或者一条对角线会完全是"○"，因为每一行、每一列、每一条对角线都有一对"○"和"×"。

那么我怎么知道如果后发要逼和，必须能够在 25 个格子里找到 24 个格子并分成 12 对，而且每一行、每一列和每一条对角线都要有一对呢？这道理来自一开始讲的，听起来很简单、事实上很有用的"婚姻定理"。而且按照这个定理，同样的策略可以应用到 6×6、7×7……k×k 的井字游戏。读者应该马上明白为什么这个策略不能应用到 3×3、4×4 的井字游戏里吧？因为在 3×3 的方块里，我们在 9 个格子里不可能找出 8 个格子满足条件。

二维的井字游戏也可以推广到三维、四维……多维的井字游戏，如果方块的大小固定，但是从二维增加到三维、四维……到高维，以直觉来说，先发的人肯定会赢，因为在高维的井字游戏里，先发的人有较多的空间拼出赢的组合，后发的人较难以拦堵先发的人获胜的每一个可能组合，但是在数学上严谨地证明这个结果需要花相当大的功夫。

■ 数独游戏

接下来，让我再讲一个很容易描述的数学概念，可是在它的背后也有很多有趣的数学结果。

一个 n×n 的拉丁方块是一个 n 行 n 列的方块，每行含有 1、2、3……n 这 n 个数字，每列也含有 1、2、3……n 这 n 个数字。换句话说，每一个数字在每行出现一次，在每列也出现一次。例如：在一个 3×3 的拉丁方块中，第一行是 1、2、3，第 2 行是 2、3、1，第三行是3、1、2（另外一种3×3的拉丁方块则是：第一行是1、2、3，第2行是3、1、2，第三行是2、3、1）。拉丁方块有什么用呢？让我举一个简单的例子：有三个病人在三天之内要分别尝试服用三种药，每个病人都要先后服用这三种药，每天都要服用不同的药，那么在一个3×3的拉丁方块里，3行代表三个病人，3列代表三天，方块里的数字就代表三种不同的药了。

	甲	乙	丙
第一天	1	2	3
第二天	2	3	1
第三天	3	1	2

如果我们只知道这个 n×n 的方块的一部分，那有可能把其他部分补起来吗？譬如：有一个9×9的拉丁方块，我们只知道上面5行，有可能把下面4行补起来吗？答案是肯定的。那么，若我们只知道左上角5行和5列，有可能把其他的部分补起来吗？答案是不一定。这些问题背后的数学基础也是在前面讲过的婚姻定理，有兴趣的读者可以自行把证明找出来。

最后，我要趁这个机会介绍近年来许多人喜欢玩的一种数学游戏——数独。"数独"这个词来自日文すうどく（sudoku），一个数独方块是一个9×9的拉丁方块加上一个额外的条件而组成的。9×9的拉丁方块是在每一行里1、2、3……9每个数字都会出现一次，在每一列里1、2、3……9每个数字也都会出现一次，而

增加的额外条件是把 9×9 的拉丁方块分成 9 个 3×3 的小方块，

在每一个 3×3 的小方块里，1、2、3……9 每个数字也都会出现一

次。数独游戏就是把一个 9×9 的拉丁方块里的若干个数字留着，

让游戏者将缺少的数字补回来。例如：第一行的第一个数字是未知，

接下来是 2、3、4、5、6、7、8，最后一个数字也是未知，那么到

底第一个数字是 1，最后一个数字是 9 呢？还是第一个数字是 9，

最后一个数字是 1 呢？那就要看在其他位置的已知数字是什么了。

8			4		6			7
					4			
	1				6	5		
5		9		3		7	8	
				7				
	4	8		2		1		3
	5	2					9	
				1				
3			9		2			5

　　数独游戏可以经由数字逻辑的分析来解决，这正是数独游戏

有趣的地方，不过，数独游戏也可以用计算机的"蛮力"来解决，

也就是写一个计算机程序把每个空下来的方格用数字一一尝试。

不过，话虽如此，蛮力还是得加上点脑力才行。真正硬干还是行

不通的，若一个数独游戏给出来 40 个数字，剩下来 51 个未知的

数字，用蛮力来做，就要一一去测试 9^{51} 个可能的答案了。

　　一则数独游戏也可能是无解的，就是从已知的数字导引出来

的限制条件没有办法同时满足。一个数独游戏也可能是有好几个

答案的，就是从已知的数字导引出来的限制条件比较宽松，可以有不同的数字安排来满足。即使在 81 个方格中我们已知道了其中 77 个数字，还是有不同的方法把剩下来的 4 个方格填补起来。

　　一则数独游戏只有一个可能的答案，那是最有趣的情形。换句话说，就是从已知的数字导引出来的限制条件恰到好处。以直觉来讲，已知的数字越多，只有一个答案的机会就越大，但是已经有人找出几万个例子，在 81 个方格中，只要知道其中 17 个数字就足以规范出一个单一答案了。至于只知道 16 个数字，足不足以规范出一个单一答案呢? 这还是一个没有解决的问题。目前，数独游戏已经是一个风行全球的逻辑思考数字游戏，在各国的许多报纸杂志里都可找得到，建议有兴趣的读者找几则来尝试一下。

有趣的数字

■ 数字的种类

先从正整数，也就是 1、2、3、4、5、6、7……讲起。从远古时代开始，这些数字就是很自然也很具体的概念，1 头牛、2 头牛、3 头牛；接着，加法也是很自然也很具体的概念，2 头牛加 3 头牛等于 5 头牛；减法呢？ 5 头牛减 3 头牛剩下 2 头牛，也很清楚。但是，5 头牛减 5 头牛呢？ 3 头牛减 5 头牛呢？就要讲到"零"和"负数"的概念了。

让我先谈谈"零"，有人会马上说："零就是没有嘛！"其实"没有"这个概念有两个层次：一个是"不存在"，可以说是哲学的层次，正是"本来无一物，何处惹尘埃"；另外一个层次，就是数学里的"零"，是"存在但是没有"。所以，5 头牛减 5 头牛，没有牛剩下来，就是 0 头牛；银行里没有存款，就是存款等于 0。不过，0 和 1、2、3、4……这些正整数有很多相同的性质，也有许多不相同的性质，5+0 还是 5，5-0 还是 5，5×0 结果是 0，为什么 5×0 是 0 呢？如果你工作一天可以赚 5 块钱，那就是 5×1 块钱，如果你工作两天，可以赚 5×2 块钱，3 天可以赚 5×3 块钱，如果你工作零天，可以赚 5×0 块钱，所以 5×0 自然就是 0。

那么 5 被 0 除呢？事实上"被零除"这个概念在数学上没有一个全面、明确的定义，5 被 1 除，可以解释为把 5 元给 1 个人，结果他拿到 5 块钱；5 被 2 除，是把 5 元分给 2 个人，每人分到 2.5 元；那么把 5 块钱分给 0 个人，每人分到多少钱是一个没有意义的问题，自然也不会有一个有意义的答案了。在这里不做详细的解释，但要记得"被零除"是数学里一个得小心处理的算法，因为它往往会导引到错误的结果。相信很多读者都记得，中学的时候，老师曾告诉过你用一个似是而非的方法去证明 2 等于 1，其中的一个关键点就是一个方程式的两边同时"被零除"，得出来的结果就不一定相等了。另外有人会问，5 被 0 除的结果是无限大，这句话又该怎样解释呢？这要用微积分里极限的概念来说，5 被 x 除，当 x 越接近 0 的时候，结果会越大。

至于"负数"这个概念呢？公元 200 年左右，中国汉代数学名著《九章算术》已经提出"负数"这个概念；印度的数学家也很早就提出"负数"这个概念。但是到了 18 世纪，还有些数学家认为"负数"是一个没有意义、荒谬的概念。的确，1 头牛、2 头牛是一个具体的概念，–1 头牛、–2 头牛又是什么意思呢？我们可以用 –1 头牛代表欠别人 1 头牛，–2 头牛代表欠人家 2 头牛来解释。5+（–3）=5–3=2，可以解释为：我有 5 头牛，欠别人 3 头牛，所以只剩下 2 头牛；5–（–3）=5+3=8，可以解释为：我有 5 头牛，欠别人 3 头牛，别人说我欠的 3 头牛不必还了，所以我等于有 8 头牛；5×（–3）=–15 还好解释；（–5）×（–3）=15，负负得正，又怎么解释呢？数学里有很多概念在开始时是很具体的，但是推广之后会逐渐变得抽象，我们不必抗拒从具体走向抽象，但是在抽象里也不要忘记具体。

讲完整数，接下来是"分数"，像 $\frac{5}{4}$、$\frac{1}{3}$、$\frac{40}{33}$，分数也可以用小数点符号的形式来表示，例如：$\frac{5}{4}$ 是 1.25，$\frac{2}{3}$ 是 0.666666……，$\frac{40}{33}$ =1.212121……。分数也叫作"有理数（rational number）"。当有理数以小数点符号的形式来表示时，小数点后可以有无穷个数字，例如：1.25000000……、0.6666666……、1.21212121……，但是这些数字最终一定会重复循环，例如：1.2500000……里的 0、

0.666666……里的 6、1.21212121……里的 21。

有理数之外有"无理数（irrational number）"，无理数不能够用分数的形式来表示，只能用小数点符号的形式来表示，例如：2 的开方是 1.414213562373095……。无理数用小数点符号的形式来表示，不但有无穷个数字，而且不会重复循环。

无理数之外还有"超越数（transcendental number）"，大家都熟悉的圆周率 π 就是一个超越数，大家都遇到过的自然对数的底数 e 也是一个超越数，π 和 e 可以说是数字里两个最重要的超越数。超越数一定是无理数，但是许多无理数不是超越数，例如：π=3.141592653589793……，e=2.71828182845904523536……，都是超越数，但 $\sqrt{2}$=1.414213562373095……不是超越数。（至于超越数的定义，我就不在这里多做说明了。）我们怎样去证明 $\sqrt{2}$ 是一个无理数，而不是一个有理数呢？我们又怎样证明 π 是一个超越数呢？这些都是有趣而且重要的数学问题。

上面讲的正整数、负整数、无理数、超越数都叫作"实数（real number）"，有实数就有"虚数（imaginary number）"。要讲什么是虚数，让我们从加、减、乘、除、乘方、开方这些数学运算讲起，6+3=9，6×3=18，6 的三次方就是 6×6×6=216。减是加的相反运算，9-3=6；除是乘的相反运算，18÷3=6；开方是乘方的相反运算，216 开三次方等于 6。但是，我们碰到一个问题，

2×2=4，（-2）×（-2）也等于 4，所以 4 开平方有两个答案 +2
和 -2，那么 -4 开平方的答案是什么呢？有人马上会说没有答案，
因为正数乘正数结果是正数，负数乘负数结果也是正数，所以没
有一个数字的开平方会是一个负数，这句话听起来似乎的确有道
理，但这句话的大前提是我们活在一个只有整数、有理数、无理数、
超越数的数字世界里，如果我们把数字世界扩大，我们便能找到
一个开平方是负的数字，这就是虚数的概念。

在虚数的世界里，有一个数字 i，如果我们把 -1 开平方定义为 i，
那么 $i \times i$ 就是 -1，$2i \times 2i$ 就是 -4，那就解决负数可以开平方的问
题了。换句话说，一个负数开平方的结果是一个虚数。其实，如
果我们活在一个只有 1 头牛、2 头牛的数学世界里，-3 头牛、1.4142
头牛，也是不可以理解和接受的概念；虚数的观概念只是在说有
两种牛——实的牛和虚的牛，我们可以有 3 头实的牛和 2.5 头实的
牛，也可以有 4 头虚的牛和 5.5 头虚的牛。在实数的数学世界里，
我们有 1、2、3、4、5、6……也有 1.25、1.33，在虚数的世界里，
我们有 $1i$、$2i$、$3i$、$4i$、$5i$……也有 $1.25i$、$1.3333……$；在实数的
世界里，实数加减乘除的结果还是实数，有趣的是，在虚数的世
界里，虚数相加减，结果虽还是虚数，但是相乘除的结果就不同了，
$i \times i = -1$，把我们带回到了实数的世界；$i \times i \times i = -1 \times i = -i$，又把我
们带回虚数的世界，的确是"虚则实之，实则虚之"。

实数和虚数可以平行共存，在某些情形之下，各管各的，而在某些情形之下，来往互通，这就是"复数（complex number）"。复数有实数的部分，也有虚数的部分，2+i 是一个复数，它的实数部分是 2，它的虚数部分是 i。

那么乘方、开方呢？ 2^i 是什么意思呢？ 1.25^{-i3} 又是什么意思？在数学里，它的定义是清晰明确的，但我不在这里解释，不过，让我举几个例子：2^i 是一个复数，2^i=0.7692+0.63896i；10^i 也是一个复数，10^i=-0.66820+0.74398i。

有个很有趣的数字 $e^{\pi i}$，是一个实数，等于 -1，也就是 $e^{\pi i}$=-1，也可以写成 $e^{\pi i}$+1=0，这个方程式叫作"欧拉方程式（Euler's Equation）"。有人说欧拉方程式是数学里最美丽的方程式。$e^{\pi i}$+1=0 这个方程式包含了数学里最重要的 5 个数字：0，1，π，e 和 i。这 5 个数字，代表了数学里四个重要的领域：0 和 1 代表算术，是加减乘除的开始；i 代表代数，为了 x^2+1=0 这个方程式能够有解，我们提出了虚数 i 这个概念；π 代表几何，因为 π 是圆周率；e 代表分析（analysis），因为 e 的定义跟"无穷级数（infinite series）""极限（limit）"的概念都有关系。

■ 数字与文字

讲了那么多枯燥的数字，现在来看看一些跟数字有关的谜语和诗词。

首先，让我讲几个谜语："一"这个字，打一句常用语，答案是：独一无二；"一"这个字，打一句成语，答案是：接二连三。"二"这个字，打一句常用语，答案是：三缺一。"一三五七九"，打一句成语，答案是：天下无双；"二四六八十"，打一句成语，答案是：无独有偶。要解开接下来的谜语就要多懂一点数学了："100-1"，打一句成语，答案是：百中选一；"$\frac{7}{8}$"，打一句成语，答案是：七上八下；"$7 \div 2$"，打一句成语，答案是：不三不四；还有，"2.5"，打一句成语，答案也是"不三不四"；"$20 \div 3$"，答案是"陆陆续续"。另外有几个例子是取数字的谐音，在年轻人的火星文中常常可以见到，246 是"饿死了"，7086 是"七零八落"，5201314 是"我爱你一生一世"。还有几个猜数学名词的谜语："不足为奇"，答案是"偶数"，不能当奇数，那就是偶数；"医生诊断之后"，答案是"开方"，医生诊断之后就会开药方；"大减价"，答案是"绝对值"，就是"绝对值得"的意思。

用数字写诗的例子也很多，传说是康熙皇帝写过一首《一字诗》，描写江上一艘小舟里一个渔翁的画面：

一蓑一笠一扁舟，一丈竿头一只钩；

一水一拍似一唱，一翁独钓一江秋。

一共写了 10 个"一"字，不过如果把"独钓"的"独"字也算在内的话，那就是 11 个"一"字了。

民国初年名诗人徐志摩也有一首诗：

一卷烟，一片山，几点云影，

一道水，一条桥，一支橹声，

一林松，一丛竹，红叶纷纷。

看来徐志摩的数学比康熙好一点，他除了"一"之外，学会数到"几点云影"，"几点"就是大于等于 3 了。

英国诗人威廉·布莱克的一首诗：

To see a world in a grain of sand,

And a heaven in a wild flower,

Hold infinity in the palm of your hand,

And eternity in an hour.

作家陈之藩先生把它翻成了中文：

一粒沙里有一个世界，

一朵花里有一个天堂，

把无穷无尽握于手掌，

永恒宁非是刹那时光。

不但只用了"一"这个数字，也包括了"无穷大"这个概念。

宋朝邵康节则写过一首诗：

一去二三里，烟村四五家；

亭台六七座，八九十枝花。

据说清朝诗人李调元写了一首描写两个漂亮姐妹的打油诗：

一姐不如二姐俏，三寸金莲四寸腰；

买来五六七色粉，扮成八九十分娇。

还有一首诗，传说是卓文君在司马相如出远门时写给他的信：

一别之后，二地相思，只说是三四月，又谁知五六年，

七弦琴无心抚弹，八行书无信可传，九连环从中折断，

十里长亭望眼欲穿，百相思，千系念，万般无奈把郎怨。

这首诗还有下半段，从万千百到三二一：

万言千语说不完，百无聊赖十依栏，重九登高看孤雁，

八月中秋月圆人不圆，七月半，烧香秉烛问苍天，

六月三伏天，人人摇扇我心寒，

五月石榴如火，偏遇冷雨浇花端，

四月枇杷未黄，我欲对镜心意乱，

三月桃花随水转，

二月风筝线儿断，

噫！郎呀郎，巴不得下一世你做女来我做男。

下面两个例子就讲到数学的运算了。据说，有一个财主买了一幅很珍贵的画叫《百鸟图》，上面画了整整 100 只麻雀，从空中飞到地面啄食地上的米粒。他请一位有名的才子在这幅画上题一首诗，这位才子大笔一挥写来："天生一只又一只，三四五六七八只。"大财主气炸了，怎么在一幅名画上写上这么粗俗的诗句？这位才子先为他解释说，天生一只又一只，就是两只，三四五六七八只，$3 \times 4 = 12$，$5 \times 6 = 30$，$7 \times 8 = 56$，一共是 98 只，所以加起来正好 100 只。大财主才气平了一点，这位才子接着写下面两句："凤凰何少雀何多，啄尽人间千万石。"真是画龙点睛，点出不知多少没有能力、没有抱负、不肯努力的人，浪费了社会和国家的公共资源。

另一个例子是：孔子一共有 72 个成名的门生，其中有多少个是成年的？多少个是未成年的？答案是：成年的有 30 人，未成年的有 42 人。这个答案是从哪里找出来的呢？《论语·先进》里记载得清清楚楚："冠者五六人，童子六七人。"冠者就是已经行过冠礼的成人，5×6 就是 30，童子 6×7 就是 42 人，$30 + 42$ 正好是 72。

把数字用在对联里也有很多例子。有一户穷人家过年，在门前挂了一副对联，上联是"二三四五"，下联是"六七八九"，"二三四五"就是"无一"，谐音"无衣"（没有衣服穿）；"六七八九"就是"缺十"，谐音"缺食"（缺少吃的东西）。还有一副对联，上联是"一二三四五六七"，下联是"忠孝仁爱礼义廉"，这是骂人的对联，"一二三四五六七"是"忘八"，"忠孝仁爱礼义廉"正是"无耻"。

无穷大的数字

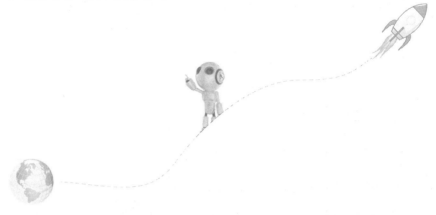

　　有个流传得很广、治疗失眠的好方法：睡不着的时候就开始数绵羊，1 只、2 只、3 只……990 只、991 只……10,101 只、10,102 只，迟早你会坠入梦乡，从来没有人担心过绵羊数完了还是睡不着怎么办，因为绵羊是数不完的。

　　从幼儿园开始，小朋友就学会了数数，1、2、3 都是正整数，任何一个正整数加 1 也是正整数，990 是正整数，因此 991 也是正整数。的确，无论是梦里数的绵羊也好，数学里的正整数也好，它们总共的数目都是无穷大的，以直觉来看，无穷大这个概念似乎就是很大，大得不能再大，但是我们也常常听过无穷大加 1 还是无穷大，无穷大减 1 还是无穷大，无穷大加无穷大还是无穷大，无穷大乘无穷大还是无穷大，这怎么解释呢？有人说，无穷大就

像《西游记》里说的，不管孙悟空怎样翻跟头，总翻不出如来佛
的掌心一样吧。非也，非也，这种说法不但毫无科学根据，而且，
还有比无穷大更大的呢！

■ 可数的无穷大

让我们从数学的角度从头讲起，1、2、3 数的是 3 只绵羊，红、
白、蓝是 3 种颜色，苹果、橘子、香蕉是 3 种水果，3 这个数量的
概念是非常简单清晰的，但让我们对这个概念下一个更精准的定
义。我们用正整数作为量度的标准，譬如说：和 1、2、3 这三个
数字里的一个数字做成一对一的配对，不管是苹果配对 1、橘子配
对 2、香蕉配对 3 也好，橘子配对 1、香蕉配对 2、苹果配对 3 也好，
我们都可以说一共有三种水果。同样红、白、蓝这几种颜色和 1、2、
3 这三个正整数也可以做成一对一的配对，所以我们说红、白、蓝
是三种颜色，一对一的配对是个显而易见的概念，但也是一个重
要的基本观念，有了一对一配对这个概念，我们就可以为"无穷大"
这个概念下一个精准的定义了。

我们用所有的正整数 1、2、3……990、991、992 等作为"无穷大"
量度的标准，因此，如果另外有一组数字，里头的所有数字可以
和所有的正整数做成一对一配对的话，那么这组数字就是一组无

穷大的数字。一个最明显的例子就是所有的负整数 –1、–2、–3……的数目也是无穷大，因为 –1 可以配 1，–2 可以配 2。

那么，如果在所有正整数里加上 0，变成 0、1、2、3、4……这组数字呢？因为 0 可以配 1，1 可以配 2……，这也是一组无穷大的数字。所以说无穷大加 1 还是无穷大。那么，从 101 开始，101、102、103……这一组正整数呢？因为 101 可以配 1，102 可以配 2……，这也是一组无穷大的数字，所以我们说无穷大减掉 100 还是无穷大。那么把所有正的偶数组成 2、4、6、8、10……这组数字呢？因为 2 可以配 1，4 可以配 2，6 可以配 3……，这也是一组无穷大的数字，所以无穷大的一半还是无穷大。

那么，如果把所有正整数和负整数组成一组数字呢？换句话，无穷大加无穷大，结果是什么呢？答案是：还是无穷大。要证明这个结果，我们不一定要清清楚楚地说出哪个正整数或负整数配 1，哪个配 2，哪个配 3，我们只要能够把所有正整数、负整数一个接一个排列出来，一个不多一个不少，那么怎样配对就不言自明了。因此，只要我们把所有正整数和负整数排成 +1、–1、+2、–2、+3、–3、+4、–4……那么它们就可以和所有的正整数 1、2、3、4、5、6、7、8 做一对一的配对了，换句话说就是 +1 配 1、–1 配 2、+2 配 3、–2 配 4 等。让我趁这个机会，把我们一直称为"无穷大"的这个概念说得更精准一点：可以和所有正整数做一对一配对的无穷大叫作"可数的无穷大（countable infinite）"，"可数"就是上面所说的一个接一个排列出来，一个不多一个不少。既然有"可数的无穷大"，那有没有"不可数的无穷大（uncountable infinite）"呢？有的，而且那的确是比"可数的无穷大"更大的无穷大。

不过，让我们再讨论一下"可数的无穷大"。在分数里，假设用一个正整数做分子，一个正整数做分母，例如 $\frac{2}{3}$、$\frac{15}{7}$，那么就有"可数的无穷大"那么多分子，也有"可数的无穷大"那么多分母，也就是有"可数的无穷大"乘"可数的无穷大"那么多的分数。但是这要怎么证明呢？让我给个提示：在以 x 和 y 为坐标的平面上，x 轴上的点 1、2、3、4……代表分子，y 轴上的点 1、2、3、4……代表分母，那么 x-y 平面上所有的点就代表所有的分数，我们能找出一个办法把 x-y 平面上所有的点一个接一个排列出来吗？

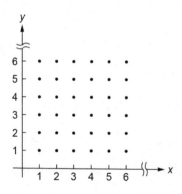

虽然我们对无穷大这个概念的讨论到此为止，但我相信大家都觉得这是一个有趣而有深意的概念。20 世纪一位最伟大的数学

家戴维·希尔伯特（David Hilbert）曾经说过：

无穷大！没有其他任何问题像无穷大如此深刻地打动过人类的心灵，没有其他任何想法如此有效地迸发出人类智慧的火花，但同时也没有其他任何概念更需要深入地了解和澄清。

（The infinite! No other question has ever moved so profoundly the spirit of man; no other idea has so fruitfully stimulated his intellect; yet no other concept stands in greater need of clarification than that of the infinite.）

■ 乒乓球与飞毛腿

接着我要举两个跟"可数的无穷大"有关的有趣例子：

假设我们有一条管子，里面整整齐齐排列了一连串乒乓球，每个乒乓球都按顺序写着一个正整数1、2、3、4……管子开口的下方放着一个大木桶，我们可以手动控制，让乒乓球从管子掉到大木桶里，且有60秒钟的时间完成下面的实验：

1. 一开始，花30秒钟让第1个到第10个乒乓球掉到大木桶里，然后我们把大木桶里数字最小的乒乓球拿出来丢掉，换句话说，写着1的那个乒乓球被丢掉了。

2. 在剩下来的时间的一半之内，也就是在15秒钟内，让第11

个到第 20 个乒乓球掉到大木桶里去，然后把大木桶里数字最小的乒乓球拿出来丢掉，换句话说，写着 2 的那个乒乓球被丢掉了。

3. 在剩下来的时间的一半之内，也就是在 7.5 秒钟内，让后面 10 个乒乓球掉到大木桶里，然后把大木桶里数字最小的乒乓球拿出来丢掉。

4. 这样反复操作，一共花了 60 秒钟的时间。

请问大木桶里有几个乒乓球？

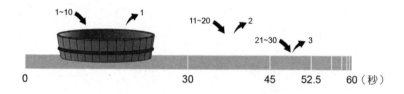

有人或许马上会说："你每次放 10 个进去，拿 1 个出来，剩下来 9 个，反复这样做，剩下来的乒乓球就越来越多了。"但我要问的是，60 秒内我们总共反复做了多少次呢？是无穷大那么多次。既然每次剩下来 9 个乒乓球，那么大木桶里就有 9 乘无穷大那么多个乒乓球。不过我们之前说过，9 乘无穷大还是无穷大，所以大木桶里有无穷大那么多个乒乓球。那么随便拿一个乒乓球出来看看上面写的是什么数字吧。不可能是 4，因为它在第 4 次就被丢掉了，也不可能是 1759，因为它在第 1759 次就被丢掉了，那么这是怎么一回事呢？正确的答案是：大木桶是空的，里头根本一个乒乓球也没有。

要了解这个答案，必须要先知道，上面所讲的每次放 10 个乒乓球进大木桶，然后拿一个出来，其实是混淆视听的障眼法。假设一开始我就把无穷大那么多乒乓球放在大木桶里，过了 30 秒钟丢掉一个，再过 15 秒钟丢掉一个，再过 7.5 秒钟丢掉一个，经过无穷大那么多次，就把无穷大那么多乒乓球全丢掉了。

另外一个例子，我要讲流传很久的飞毛腿和乌龟竞走的故事：飞毛腿站在乌龟后面 10 米，飞毛腿每分钟可以走 11 米，乌龟每分钟可以走 1 米，请问什么时候飞毛腿会追上乌龟，很明显答案是 1 分钟：在 1 分钟之内飞毛腿走了 11 米，乌龟走了 1 米，正好就把乌龟追上了。但是这个题目有一个不同而令人困惑的答案，那就是飞毛腿永远追不上乌龟，这怎么说呢？飞毛腿和乌龟分别同时从相距 10 米的起点出发，当飞毛腿跑到乌龟的起点的时候，乌龟已经向前走了一段路，当飞毛腿赶上这一小段路的时候，乌龟又已经向前走了一小段路了，这样飞毛腿从后面追乌龟向前走，虽然距离越来越拉近，却总是差那么一点，因此飞毛腿永远赶不上乌龟。当然这个答案是错的，但是错在哪里呢？有好几个不同的解释，一个容易理解的解释是，这个答案把飞毛腿赶上乌龟要走的总距离分成无穷大那么多段，飞毛腿一段一段地走，当然永远走不完。

◾ 不可数的无穷大

那么，什么是"不可数的无穷大"呢？从 0 到 1 之间所有的实数，都可以写成 0.XXXXXX，例如：0.15、0.161616、0.141592653589793 等，换句话说，小数点后面可以有无穷位数。为了一致起见，我们就把所有实数都写成小数点后有无穷位数的形式，例如：0.15 就写成 0.149999999……告诉大家，在 0 到 1 之间所有的实数比所有的正整数还要多。这句话说来简单，可是几千年来，大家都以为无穷大就是无穷大，不分层次。一直到 1874 年，才由德国数学家康托（Georg Cantor）严谨地提出证明，的确有不同层次的无穷大。

从 0 到 1 之间所有的实数比所有的正整数要多，这句话是什么意思？按照前面所述，如果从 0 到 1 之间的实数和所有的正整数之间不可能有一对一的配对的话，那么从 0 到 1 之间的实数就比正整数还多了。那么，我们要怎么证明从 0 到 1 之间的实数和所有的正整数不可能有一对一的配对呢？康托证明的方法是先假设一对一的配对存在，那么按照前面所述，从 0 到 1 之间的实数就可以一个接一个地排开来，一个不多，一个不少，康托提出一个叫作"对角线化（diagonalization）"的方法，证明有个实数不管这个排列是怎样的组合都肯定会被漏掉，因此我们可以论定从 0 到 1 之间的实数和所有正整数之间不可能有一对一的配对。

对角线化这个方法在数学上是一个重要的方法，特别是用来反证一个假设可能存在，却实际是不可能存在的事。对角线化并不是一个困难的概念，有兴趣的读者只要找一本有关离散数学的书，很容易就能看得懂了。

■ 比不可数的无穷大更大？

康托的结论打开了一道大门，先用所有的正整数 1、2、3、4、5……作为量度的标准，建立了无穷大的概念，而且经由一对一配对的概念，解释了无穷大加加减减还是无穷大，甚至无穷大加无穷大、无穷大乘无穷大还是无穷大。但是以正整数作为量度标准的无穷大，我们称之为"可数的无穷大"，其实就是最起码的无穷大。而我们已经看到一个例子，那就是从 0 到 1 之间的实数数目比"可数的无穷大"更大，我们称之为"不可数的无穷大"。

这一来，便引起了两个重要的问题。第一个问题是，在"不可数的无穷大"之上，还有没有更大的无穷大呢？答案是有的，而且可以一层一层往上提升，这个题目就留给有兴趣的读者自行去研究。

第二个问题是，在"可数的无穷大"和"不可数的无穷大"之间，还有没有比"可数的无穷大"大却比"不可数的无穷大"小的无穷大呢？康托穷尽一生的时间，都没有解决这个问题。1900 年数学家戴维·希尔伯特提出了著名的"希尔伯特的 23 道题目"，那是被认为当时在数学里还没有解决的 23 道重要题目，其中的第 1 道就是这个问题，而这个问题的答案是"无法决定"。"无法决定"听起来像是一句俏皮话，其实这个答案背后隐含了很多数学运算和深奥的含义，而且"无法决定"这句话也必须更严谨地厘清，那就是，在什么数学架构之下，这个题目的答案是无法决定的。有兴趣的读者可以从 1938 年库尔特·哥德尔（Kurt Godel）的论文和 1963 年保罗·寇恩（Paul Cohen）的论文里找到相关数据，不过这的确是数学领域里非常专业的研究了。

最后，还有个很有趣、在数学里也很重要的例子——康托集

（Cantor set）。假设有个线段是从 0 到 1，如前所述，这个线段里含有不可数的无穷大那么多的点，让我们把这个线段中间的拿掉，也就是把 0 到 1 这个线段分成 3 段：0 到 $\frac{1}{3}$、$\frac{1}{3}$ 到 $\frac{2}{3}$、$\frac{2}{3}$ 到 1，拿掉 $\frac{1}{3}$ 到 $\frac{2}{3}$ 这一段，剩下来头尾两段，一段是 0 到 $\frac{1}{3}$，一段是 $\frac{2}{3}$ 到 1。接下来，在剩下的头尾两段，各拿掉每一段中间的 $\frac{1}{3}$，剩下来又是头尾两段。换句话说，在 0 到 $\frac{1}{3}$ 那一段里，拿掉 $\frac{1}{9}$ 到 $\frac{2}{9}$ 那一段，剩下来的是 0 到 $\frac{1}{9}$ 和 $\frac{2}{9}$ 到 $\frac{1}{3}$ 那一段，在 $\frac{2}{3}$ 到 1 那一段，也一样拿掉中间的 $\frac{1}{3}$ 那一段，剩下来又是头尾两段，这样不断地做下来无数次，请问还有多少点剩下来？我们不妨算一下：第一次拿掉的长度是 $\frac{1}{3}$，第二次拿掉的长度是 $2 \times \frac{1}{9}$，第三次拿掉的长度是 $4 \times \frac{1}{27}$ ……这些拿掉的总长度加起来等于 1，所以没有任何点剩下来了。

可是，当我们取走线段时，并不包括线段的两个端点（endpoint），换句话说，当一个线段被拿掉时，它的两个端点是留下来的。我们若是把 $\frac{1}{3}$ 到 $\frac{2}{3}$ 这个线段拿掉，它的两个端点 $\frac{1}{3}$ 和 $\frac{2}{3}$ 被留了下来。那么，我们一共拿掉了多少线段呢？一共有"可数的无穷大"个线段，因此还剩下来"可数的无穷大"那么多端点。不过有趣的是，还有其他不是被拿掉的线段的端点会留下来，例如：$\frac{1}{4}$ 这一点是会留下来的，因此，留下来的点总数仍是"不可数的无穷大"。对这个结果有兴趣的读者可以上网搜索更多有关的资料。

$$0 \qquad \frac{1}{4} \quad \frac{1}{3} \qquad\qquad \frac{2}{3} \qquad\qquad 1$$

我在无穷大的数学领域里，谈到一点有趣迷人和深邃的概念，其中康托的贡献为"集论"建立了一个重要的基础，戴维·希尔伯特曾经说过："没有人可以把我们从康托为我们打造的乐园里赶出来。（No one shall expel us from the paradise that Cantor has created for us.）"希望有兴趣的读者勇敢地闯进这个乐园，并在里头流连忘返。

高斯的数学世界

■ 数学王子

高斯（Carl Gauss）是一位德国数学家，公元 1777 年出生，1855 年过世，有人认为他是有史以来最伟大的数学家，一个更加没有争议的说法是：他和阿基米德（Archimedes）及牛顿（Newton）可以并称为最伟大的三位数学家。

高斯说："数学是科学里的皇后。"而在数学这个领域里，高斯对"数论（number theory）"又情有独钟，所以他又说："数论是数学里的皇后。"皇后代表的是高贵、美丽、优雅和迷人，至于高斯本人也被称为"数学王子"，当然这代表他年轻、有活力和才华。

　　高斯从小就展露出他在数学上的天赋。他刚进小学的时候，老师为了让全班的学生乖乖地做算术，要他们找出从 1 加 2 加 3 加到 100 的答案，当别的同学开始要埋头苦算的时候，高斯已经交卷了，他的答案是 5,050。因为他观察到 1 加 100 是 101，2 加 99 是 101，3 加 98 是 101，所以 1 到 100 这 100 个数字，可以配成 50 对，每对的和是 101，所以答案是 50 乘 101，等于 5,050。可见高斯的头脑的确很好。

　　除了数学之外，高斯在天文学和电磁学的领域也都有重大的贡献，他有许多最重要的研究成果当然没办法在书里一一详述，但是就让我举其中两个有趣的例子来说明吧。从古希腊时代开始，数学家就对用直尺和圆规可以画出什么长度的线、什么角度的角和什么样的几何图样这些问题感兴趣。让我先把游戏规则说清楚：

　　1. 直尺可以用来画一条直线，或把两点连起来。

　　2. 直尺是无限长的，但是尺上没有刻度，也不可以在上面画刻度。

　　3. 圆规可以以一点为圆心，通过另外一点画一个圆。

　　4. 画完一个圆后，把圆规从纸面提起来时，圆规就会合起。换句话说，如果用圆规画了一个圆，不能把圆规提起来，直接在另外一个地方画一个同样半径的圆。

　　这样一来，我们马上就想到一个最基本的问题：两点之间有一条线段，我们能不能用直尺和圆规画出另一条长度一样的线段呢？远在公元前 300 年，希腊数学家欧几里得（Euclid）就已经指出，即使圆规提起来之后会合起，我们还是可以在另外一个地方画出一个同样半径的圆。该怎样做呢？有兴趣的读者可以试着找出答案，所需要的只是基本的高中几何学知识而已。

■ 正多边形的证明

你还记得怎样用直尺和圆规把一条线段 3 等分吗？你可不可以用直尺和圆规来画出正 n 边形呢？正 n 边形就是一个 n 边形，每边的长度是一样的，每个内角也是一样的。正三角形，也就是等边三角形，每个内角都是 60 度；正四边形也就是正方形，每个内角都是 90 度；而正五边形每个内角都是 108 度，远在欧几里得的时代，他就已经知道该怎样画了。之后陆续有人也发现好多不同的画法。不过，正七边形是不可能用直尺和圆规画出来的。高斯在 19 岁的时候发现怎样画出一个正 17 边形（它的每个内角大约是 158.82 度），而且他还提出一套完整的理论，说明什么样的正 n 边形是画得出来的，什么样的正 n 边形是画不出来的。

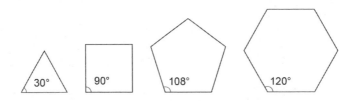

读者或许知道，在仅仅使用直尺和圆规的条件之下，有三个不可能解决的问题：

1.画出一个圆，再画一个面积跟它相等的正方形。

2.画出一个正立方体，再画一个体积是它 2 倍的正立方体。

3.把一个角 3 等分。

在数学里，要证明一个题目是无法解决的，需要非常严谨、非常复杂的证明过程，绝不是单凭几千年来没有人能够解决这个题目，就可以下结论说：这个题目是无法解决的。在数学里，甚至科学里，什么是可能的，什么是不可能的，这是一个严谨的问题，而知道什么是可能，找一个方法把它做出来，又是另外一个严谨的问题。

公元 1770 年，法国数学家拉格朗日（Joseph Louis Lagrange）证明了一个定理，叫作"四平方和定理（Four-square Theorem）"，这个定理说："任何一个正整数，都可以写成 4 个非负整数的平方。"例如：

$3=1^2+1^2+1^2+0^2$

$31=5^2+2^2+1^2+1^2$

$310=17^2+4^2+2^2+1^2$。

这个定理的推广是："任何一个正整数，都可以写成 9 个非负整数的三次方。"例如：

$23=2^3+2^3+1^3+1^3+1^3+1^3+1^3+1^3+1^3$

还有："任何一个正整数，都可以写成 19 个非负整数的四次方。"为了证明这些题目，数学家做了非常多的工作，有兴趣的读者可以搜索"华林问题（Waring's Problem）"来获取相关的资料。

但是高斯却从另外一个角度去推广拉格朗日的"四平方和定理"：一个正整数的平方可以看成用多少个点可以排成一个正四边形。1 点排成每边长度是 1 的正四边形，4 点排成每边长度是 2 的正四边形，9 点则排成每边长度是 3 的正四边形，16 点则排成每边长度是 4 的正方形。我们把 1、4、9、16、25……称为"正四边形数"。用 1 点排成每边长度是 1 的正三角形，3 点排成每边长度是 2 的正三角形，6 点排成每边长度是 3 的正三角形，10 点排成每边长度是 4 的正三角形，那么 1、3、6、10、15、21、28……就被称为"正三角形数"。高斯证明了任何一个正整数都可以写成 3 个正三角形数的和。例如：$17 = 10 + 6 + 1$；$24 = 15 + 6 + 3$。

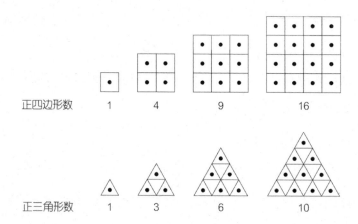

正四边形数　　1　　4　　9　　16

正三角形数　　1　　3　　6　　10

　　反应快的读者，应该马上就会想到：用1点排成每边长度是1的正五边形，5点排成每边长度是2的正五边形，12点排成每边长度是3的正五边形，22点排成每边长度是4的正五边形，所以1、5、12、22、35、51、70……就被称为"正五边形数"，而且任何一个正整数也都可以写成5个正五边形数的和。例如：$31 = 12 + 12 + 5 + 1 + 1$、$43 = 35 + 5 + 1 + 1 + 1$。

　　那么正六边形数、正七边形数等呢？有兴趣的读者可以搜索"费马多边形数定理（Fermat Polygonal Number Theorem）"去获取相关的资料。从高斯的故事开始，我们看到很多数学的结果是很有趣的，更重要的是，我们在这些例子里看出科学研究的一些重要原则，而从一些简单的原则，可以推出来非常复杂深奥的结果。直尺和圆规只是两个最简单的工具，却是欧几里得几何学的基础。

从一个特殊的结果,可以引申出许多的推广,平方、三次方、四次方、正三边形、正四边形、正五边形,真的都是美妙无穷的观念。

■ 等差级数

回到高斯小学时,那道出乎老师意料之外、很迅速就解决了的问题。把一连串的 100 个数字 1、2、3、4……100 加起来,答案是 $\frac{100 \times 101}{2}$。在数学里,一连串的数字,每 2 个连续的数字相差是一样的,叫作"等差级数(arithmetic progression)"。1、2、3、4……100 是一个等差级数,每 2 个连续的数字相差是 1;1、5、9、13、17 也是一个等差级数,每 2 个连续的数字相差是 4。一个等差级数里的数字的数目,也叫作这个级数的长度。要把一个等差级数所有数字的和找出来,可以套用一个公式,就是第一个数字加上最后一个数字,乘上级数的长度被 2 除。所以 1、5、9、13、17 这个长度是 5 的等差级数,所有数字的和是 $\frac{(1+17) \times 5}{2}$,答案是 45。等差级数是一个简单而自然的概念,把第一个数字定下来,就叫它 a,再把每 2 个连续的数字相差定下来,叫它 d,那么 a、a+d、a+2d、a+3d……就是一个等差级数,把 a 和 d 定下来,我们就可以很容易写出要有多长就有多长的等差级数。

但在这么简单的观概念后面,数学家提出了许多重要而有趣的问题。其中一个是， 假如我们再加上一个条件在等差级数里，而且要求每一个数字都必须是质数（prime number）， 有这样的等差级数吗？ 质数指的是一个数字除了 1 和它本身之外， 没有其他因子， 例如 2、3、5、7、11、13 都是质数。7、37、67、97、127、157 是一个长度为 6 的等差级数，其中每个数字都是质数，但是 187 不是质数，不能够再加上去，所以这个等差级数的长度就是 6。如果我们选 a=199, d=210, 那么 199、199+210=409、409+210=619、619+210=829……一直到 2,089，也是每个数字都是质数的等差级数，它的长度是 10。目前的世界纪录是一个长度是26、里头每个数字都是质数的等差级数，这 26 个质数的等差级数的第一个数字 a，是一个 17 位数，两个连续数字的差 d，是一个 8位数 ×9 位数的数字。而这些数字是怎样找出来的呢？ 那是经由许多许多计算机，用了许多许多时间计算才找出来的。那么有没有长度是 27、28……甚至 270、280，里头每个数字都是质数的等差级数呢？

在 2004 年， 两位数学家本·格林（Ben Green）和陶哲轩（Terence Tao）发表了一个非常重要的结果，他们证明了任何长度的每个数字都是质数的等差级数是存在的，但是他们的证明没有具体步骤说明如何把等差级数找出来。大家不要以为他们的结果只是一个单独的游戏而已，这个结果有一个广大丰富的数学背景，有兴趣的读者可以搜索 1927 年发表的 "B. L. van der Waerden" 定理去获取相关的资料。

陶哲轩是现在公认的一位数学天才，他在数学的好几个领域里头都有惊人的贡献，他的父母亲从香港移民到澳大利亚，他是在澳大利亚出生长大，9 岁就上大学程度的数学课，21 岁在普林斯顿大学获得博士学位，24 岁成为美国加州大学洛杉矶分校数学系正教授，31 岁获得有数学界诺贝尔奖之称的菲尔兹奖（Fields Medal）。

■ 等比级数

等比级数（common ratio progression），也叫作几何级数（geometric progression），是指一连串的数字，每 2 个连续的数字比例是一样的。例如：2、6、18、54 是一个等比级数，其中每 2 个连续的数字的比例是 3；10、5、2.5、1.25 是一个等比级数，其中每 2 个连续的数字比例是 0.5；1、-3、9、-27、81 也是一个等比级数，其中每 2 个连续数字的比例是 -3。一个等比级数里，把第一个数字定下来，叫它 a，再把每 2 个连续数字的比例定下来，叫它 r，那么 a、ar、ar^2、ar^3……就是一个等比级数。

从上面的例子里，我们可以看出每 2 个连续数字可以是正数，也可以是负数。当每 2 个连续数字公差是正数，也就是 r 大于 1，级数里头的数字会越来越大，例如：2、6、18、54、162、486……以无穷大为极限；如果 r 小于 1，级数里的数字会越来越小，例如：10、5、2.5、1.25、0.625、0.3125……以 0 为极限。

等差级数和等比级数之间又有密切的关系。让我们看一个例子：2、2+3=5、5+3=8、8+3=11、11+3=14……是一个等差级数，2、2×2=4、4×2=8、8×2=16、16×2=32……是一个等比级数。这个例子指出一个结论，等差级数的成长比等比级数的成长慢，说得精准一点，等差级数的成长是线性的，等比级数的成长是指数性的，这也就是 18 世纪知名英国经济学家马尔萨斯（Thomas Robert Malthus）的《人口论》（*An Essay on the Principle of Population*）的论述基础。

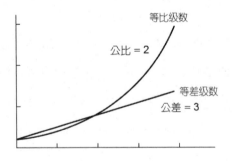

马尔萨斯《人口论》的论点是：

1. 世界上的人口是按照等比级数增长的。

2. 粮食是按照等差级数增长的。

3. 粮食是人类生存的必需品。

4. 自然原因（例如：衰老和意外）、灾难（例如：战争、瘟疫、饥荒）、道德的限制和罪恶（例如：节育和谋杀）是限制人口过度增长的因素。

在今天看来，马尔萨斯的基本论点有些值得探讨的地方，因为社会大环境的改变，包括个人的选择和政府的人口政策，人口的增长率并不像几百年前那么迅速。按照估计，全世界人口总数从目前的 70 多亿，到 2050 年会增长到 90 亿，但是增长率会逐渐降低为 1% 左右。之前美国每 10 年人口调查的结果显示，美国人口总数从 2000 年的 2.81 亿增加到 2010 年的 3.08 亿，增长率是 9.7%，不过这是人口增长率而不是出生率，别忘了美国移民人口的数目是相当高的。

其次，农业、生物、化学等科技的发展、粮食生产的增加，也远超过几百年前的估计，不过马尔萨斯自己也指出，他并不是预言人类大悲剧的发生，只不过是把他的观察描述下来而已。

最后，我再讲一个有趣的例子：2 的 n 次方，就是 1、2、4、8、16、32……是一个等比级数。在这个级数里，如果前 n 项加起来是一个质数，那么前 n 项的和乘上第 n 项得出来的会是一个"完美数（perfect number）"。例如：这个等比级数的前两项 1 和 2 加起来：

1+2=3，3 是质数，$3 \times 2 = 6$ 是完美数

1+2+4=7，7 是质数，$7 \times 4 = 28$ 是完美数

1+2+4+8=15，15 不是质数

1+2+4+8+16=31，31 是质数，$31 \times 16 = 496$ 是完美数

1+2+4+8+16+32+64=127，127 是质数，$127 \times 64 = 8128$ 是完美数

至于什么是完美数呢？有兴趣的读者不妨把定义找出来。